eビジネス新書

No.430

週刊東洋経済

自衛隊は日本を守れるか

週刊東洋経済 eビジネス新書 No.430

自衛隊は日本を守れるか

本書は、東洋経済新報社刊『週刊東洋経済』2022年7月16日号より抜粋、加筆修正のうえ制作しています。情報は底本編集当時のものです。(標準読了時間 120分)

自衛隊は日本を守れるか　目次

防衛費の「GDP比2%」と敵基地攻撃能力が焦点に

緊迫する日本の安全保障

「イエス」。2022年5月、日米首脳会談後の記者会見に臨んだバイデン米大統領は、「台湾防衛に軍事的に関与する意思はあるか」との質問に即答した。米台断交後に米軍の台湾関与を言い切った米大統領は初めてで、東アジアにおいて中国の軍事的プレゼンスがいかに大きくなってきたかを示すものだ。

首脳会談で岸田文雄首相は防衛費の「相当な増額」とともに、敵のミサイル基地をたたく長射程ミサイルなどの「敵基地攻撃（反撃）能力」の保有を検討していることを伝達した。ロシアのウクライナ侵攻を受けて、覇権主義的な行動を取る中国への警戒感が日米両政府で急速に高まっている。

22年6月に政府が決定した「経済財政運営と改革の基本方針（骨太の方針）」。外交・防衛分野では、これまでになく踏み込んだ表現になった。NATO（北大西洋条約機構）加盟国で国防費をGDP比2％以上とする基準を満たすための努力がされていると紹介し、「防衛力を5年以内に抜本的に強化する」と盛り込んだ。

現在の防衛費は5兆4000億円（2022年度の当初予算）で、GDP比で0・96％。GDP比2％に増額しようとすれば、あと5兆円を増やすことになる。実現すれば、世界で9位だった国防予算が米国、中国に次ぐ世界3位になる。

防衛費倍増ならば世界3位の規模に
—軍事費の世界上位12カ国—

順位		2021年の軍事費（億ドル）	GDP比（%）
1	米国	8,006	3.48
2	中国	2,933	1.74
3	インド	765	2.66
4	英国	683	2.22
5	ロシア	659	4.08
6	フランス	566	1.95
7	ドイツ	560	1.34
8	サウジアラビア	555	6.59
9	**日本**	**541**	**1.07**
10	韓国	502	2.78
11	イタリア	320	1.52
12	オーストラリア	317	1.98

倍増なら世界3位に

（出所）ストックホルム国際平和研究所の資料を基に東洋経済作成

参院選の自民党公約では、「NATOの2％以上も念頭に、真に必要な防衛関係費を積み上げ、23年度から5年以内に、防衛力の抜本的強化に必要な予算水準の達成を目指す」とした。骨太の方針も公約も5年以内に倍増するとは直接的には書いていないが、そう解釈することができる書きぶりだ。

自民党内はすでに走り出している。党国防部会長の宮澤博行衆院議員は、「5年で2％達成が目標」と断言する。これまで期限を設けて防衛費の増額が論じられたことはほとんどなかっただけに、国防関係議員は勢いづく。

こうした倍増論に自民党内にも異論はある。例えば安倍晋三政権で防衛相を務めた岩屋毅衆院議員。「数字ありきの増額論は不適切」とし、「防衛力の充実や強化は必要。しかし防衛費は数値目標が先にあって、そこに向かって買い足していくような雑なやり方をしてはいけない」とクギを刺す。

防衛費の4割は人件・糧食費が占める。今も定員割れに悩む自衛隊は予算があっても隊員は増やせそうにない。増額された予算の大半は護衛艦や潜水艦、ミサイルなどの装備品に充てられる。だが、新たな装備品を買っても、隊員を手当てして使いこなせるよう訓練できなければ宝の持ち腐れだ。

人件・糧食費が4割を占める
―防衛関係費(当初予算)の内訳(2021年度)―

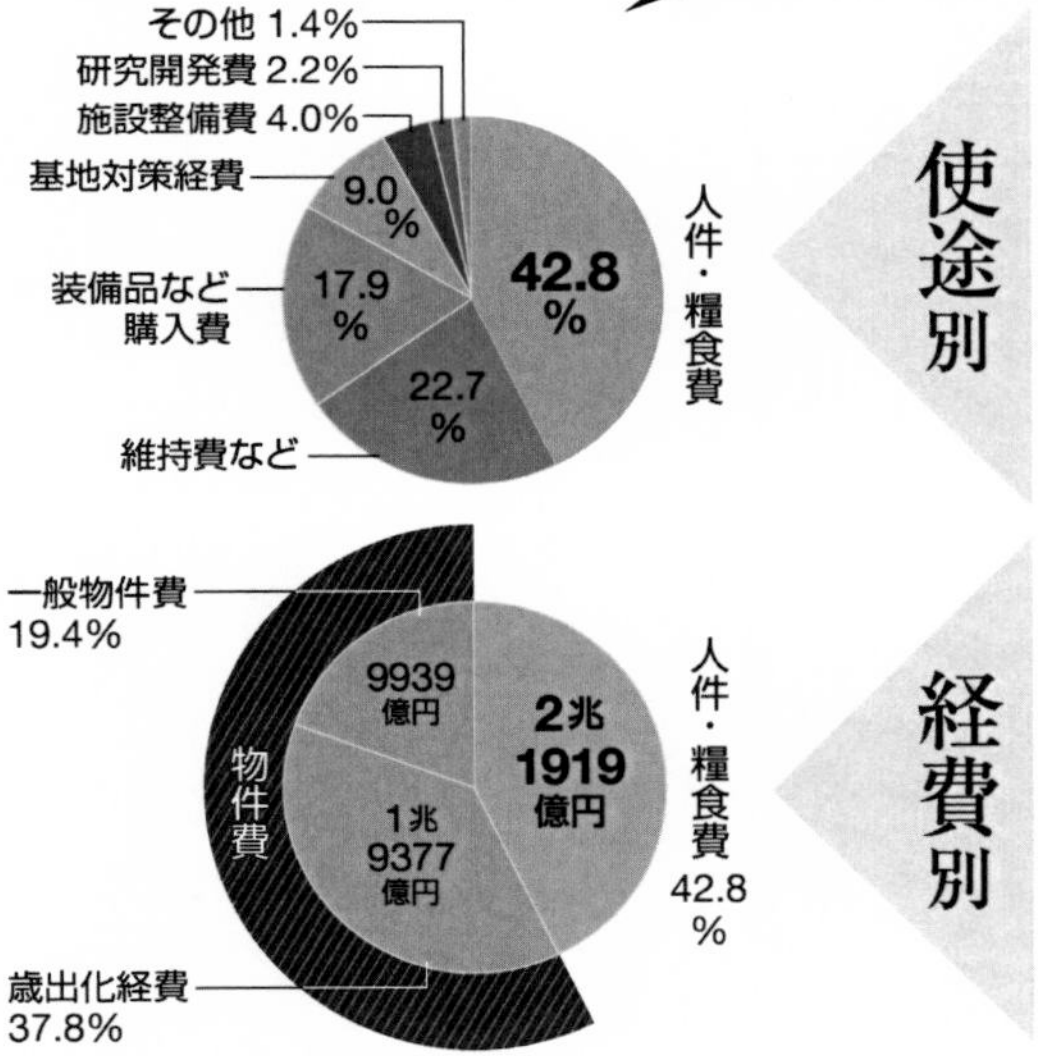

(注)人件・糧食費:隊員の給与や退職金、営内での食費など。物件費:装備品の調達・修理・整備、油の購入、教育訓練、施設整備、技術研究の費用や、基地周辺対策・在日米軍駐留経費など。物件費のうち、2020年度以前の契約に基づいて21年度に支払われるのが歳出化経費、21年度の契約に基づいて21年度に支払われるのが一般物件費(活動費) (出所)『令和3年版防衛白書』

財源も課題だ。「防衛国債」の発行が水面下で議論されているが、詳しい検討は参院選が終わったあと。倍増させる5兆円超は、公共事業費5兆6000億円に匹敵する。ロシアのウクライナ侵攻もあって、防衛費の増額に世論は肯定的だが、具体論になったとき、これだけの予算を毎年配分することに国民の同意を得られるのかどうか。政府の丁寧な説明が必要だろう。

日本の防衛では、もう1つ大きな論点がある。岸田首相がバイデン大統領に伝えた、敵基地攻撃（反撃）能力の保有である。

政府は、22年末までに、安全保障政策の重要な指針である「国家安全保障戦略」「防衛計画の大綱」「中期防衛力整備計画」の防衛3文書を一括的に見直す方針で、この中で、敵基地攻撃能力の保有を明確化する。概要は次の通りだ。

〔国家安全保障戦略〕外交および防衛政策を中心とした国家安全保障の基本方針（2013年に初めて策定、おおむね10年ごとに改定）

〔防衛計画の大綱〕防衛力のあり方と保有すべき防衛力の水準を規定（2018年に策定、おおむね10年ごとに改定）

〔中期防衛力整備計画〕　5カ年間の経費の総額と主要装備の整備数量を明示（2018年に策定、5年おきに改定）

このような論点から、①中国の台頭など世界情勢を反映、②3文書で重複する箇所を整理、③「反撃能力」や経済安全保障が重要テーマに、などの議論を踏まえながら、22年末までに一括改定に向けて動き出すと思われる。

日米安全保障条約や過去の日米合意文書では、日本防衛のため米軍が打撃力の「矛」の役割を担い、自衛隊は「盾」に徹する方針が示されてきた。自衛隊の原則である「専守防衛」である。

政府は攻撃を防ぐのにほかに手段がない場合に限り、ミサイル基地をたたくことは法理的には自衛の範囲内としてきた。1999年、当時の野呂田芳成防衛庁長官は、「現実の被害が発生していない時点であっても、侵略国がわが国に対して武力行使に着手しておれば、わが国に対する武力攻撃が発生したことと考えられる」と国会で答弁。自衛権を発動し、攻撃することを認めている。
しかし、これまで政府は政策判断として敵基地攻撃能力の装備には慎重な姿勢だった。防衛3文書で保有を宣言すれば、安保政策の大きな転換になる。専守防衛を旨としてきた自衛隊の変容である。

（長谷川　隆）

ポイント解説

新時代の安全保障講座

難解な用語が飛び交う安全保障分野。激変する国際情勢を理解するうえでポイントとなる知識を解説していこう。

【核共有（核シェア）】

核保有国が同盟国と核兵器を共有すること。NATO（北大西洋条約機構）加盟国の中で、ドイツ、イタリア、オランダ、ベルギー、トルコの5カ国が米国との共有体制を取り、米国の核兵器を自国の領土内に配備し、搭載する戦闘機を自国で用意している。東西冷戦時代、旧ソ連の核に対抗するため導入された。共有する核兵器は、米国と加盟国双方が合意しなければ使用できない。

日本で核共有が注目されたのは、2022年2月、安倍晋三元首相がテレビ番組で発言したのがきっかけ。ロシアのウクライナ侵攻を踏まえ、日本でも議論すべきだとの考えを示した。3月、自民党内の安全保障調査会は専門家から意見を聞くなどしたが、核を配備した基地が攻撃対象になるおそれが強いなどの理由から、「日本にはなじまない」との結論になった。政党では日本維新の会が核共有に理解を示している。

政治家や専門家の間では、日米同盟による米国の核の傘の下で、すでに米国の抑止力が働いていると理解されていることから、日本に核を置いた場合、攻撃対象になりやすく、得策ではないという見方が有力だ。米国も核兵器の運用が複雑になるほか、核の拡散につながるため、日本との核共有に同意することはないとみられる。

【敵基地攻撃能力】

2022年、自民党は「敵基地攻撃能力」を「反撃能力」と言い換えた。「先制攻撃を行うと誤解されやすい」「敵基地の概念があいまい」などの意見を反映したものだ。政府も今後は反撃能力を用いるとみられる。

具体的には、敵のミサイル基地などを直接破壊できる能力のことを指す。政府見解では、ほかに手段がない場合のやむをえない必要最小限度の措置として、「自衛の範囲に含まれる」としている。

日米の防衛協力では、敵基地攻撃は米国が担うことになっているが、22年5月の日米首脳会談の共同声明で岸田文雄首相は「ミサイルの脅威に対抗する能力を含め、あらゆる選択肢を検討する決意」を示しており、22年末までに改定する国家安全保障戦略で反撃能力の保有を明記することが確実視されている。敵のミサイル攻撃を察知した場合には、先に攻撃するため、「専守防衛」から踏み込むことになる。

【中距離弾道ミサイル】

弾道ミサイルの中でも射程が3000〜5500キロメートル程度のものを指す。IRBMと呼ばれる。東西冷戦当初は米ソで配備が進められたが、大陸間弾道ミサイル(ICBM)や潜水艦から発射できるミサイルが開発されたため、射程が1000キロメートル程度の準中距離弾道ミサイル(MRBM)も開発された。

代表的なIRBMは米国のパーシング、旧ソ連のSS20など。米ソ間では1987年に中距離核戦力全廃条約が締結され、地上配備の核搭載IRBMが欧州から撤去された。２０１９年2月、ロシアの地上発射型巡航ミサイルに当時のトランプ米大統領が反発して条約破棄を通告、同年8月に失効した。

日本政府が敵基地攻撃能力を持つためには、中国や北朝鮮に到達できるＩＲＢＭの保有が必要とされている。

日本にとって、米軍保有のミサイルが少ない一方で、中国はＩＲＢＭを多数保有していることが脅威となっている。

【ミサイル防衛（MD）】

弾道ミサイル防衛（ＢＭＤ）ともいわれ、主に弾道ミサイルを迎撃することを指す。ミサイル防衛構想は、１９８０年代に当時のレーガン米大統領が「スターウォーズ計画」と呼ばれた「戦略防衛構想」（ＳＤＩ）を発表したことで具体的な案が出始めた。これはミサイルなど飛翔体をレーザー兵器や迎撃ミサイルで破壊するというものであり、巨額の開発費が投じられたが実現しなかった。

北朝鮮によるミサイル発射試験が相次ぎ、日本でもミサイル防衛への関心が高まり、導入も具体化した。日本では２００４年からＢＭＤシステムの整備を開始した。弾道ミサイルに対処できる能力をイージス護衛艦に持たせたり、「ペトリオット」(PAC－3)など弾道ミサイルを迎撃するシステムの配備を行ったりした。

PAC－3やSM－3など迎撃ミサイルの能力向上型の整備や、イージス護衛艦の能力向上・システム導入増加などが検討・実施されている。2005年末にBMD用の迎撃ミサイルを日米で共同開発することを決定。20年には、マーシャル諸島の実験施設から、大陸間弾道ミサイルに見立てた飛翔体を発射し、衛星システムからの情報に基づき迎撃することに成功している。

【戦略核・戦術核】

戦略核は、爆発威力が大きく、長射程で使用され、敵国に回復不可能な被害を与える核兵器のこと。射程5500キロメートル以上の大陸間弾道ミサイル(ICBM)、戦略爆撃機、潜水艦発射弾道ミサイル(SLBM)の3つの運搬手段があり、「核の3本柱」と呼ばれる。

これに対し、ICBMより射程が短いものが戦域核。米国とロシア(旧ソ連)は、1988年から2019年まで中距離核戦力全廃条約(INF条約)によって中距離ミサイルの保有を禁止していた。

射程500キロ以下のものは、隣接国家間や戦場単位で使用され、戦術核と呼ばれる。ミサイル、投下爆弾、地雷、機雷、魚雷によって攻撃する。

米国、ロシア、中国などは、核兵器の小型化や限定的使用のための低威力化を進めている。こうした戦術核は、通常兵器との違いが意識されなくなり、実際に使用される可能性が高まるとの見方がある。


【拡大抑止】


自国の抑止力を他国の防衛・安全保障に対しても提供すること。同盟国など他国への攻撃にも自国への攻撃と同様に反撃する意思を示すことで、第三国による攻撃を思いとどまらせるようにする。核兵器による「核の傘」が有名だが、通常戦力との組み合わせがあってこそ効果的に機能する。

米国は同盟国である日本や韓国に対し、拡大抑止を約束している。しかし、本当に米国が自らも核攻撃を受けるリスクを甘受して同盟国のために核報復を行うかについては、米ソ冷戦当時から「パリを守るために、ニューヨークを犠牲にする覚悟があるのか」との疑念が付きまとってきた。

条件の似通った欧州諸国が加盟するNATO（北大西洋条約機構）と異なり、東アジアでは米国と同盟国は1対1で関係を結んでいる。それだけに、拡大抑止を機能させるには2国間の信頼関係を維持する不断の努力が欠かせない。日米は2010年以降、外務・防衛当局の事務レベルによる「日米拡大抑止協議」を年1回のペースで開催している。

【核軍縮・核不拡散】

核兵器禁止条約（TPNW、2021年発効）の締約国会議が22年6月に開かれた。「唯一の戦争被爆国」日本はこの条約に非加盟で、会議にはオブザーバーとしても参加しなかったことで、その姿勢に批判も出た。一方で、米、英、仏、ロ、中の5カ国以外の核兵器保有を禁止する「核拡散防止条約」（NPT、1970年発効）の締約国会議も8月に開催される。2つの条約はともに核兵器廃絶を目的として制定された。

5つの核保有国には、核兵器を他国に譲渡することを禁止し、核軍縮のための交渉を誠実に行う義務がある。非核保有国には、核の平和利用は認めるが核兵器の製造・取得は禁止することが定められており、これをNPT体制と呼んでいる。

NPTの締約国は191、TPNWは66。核保有5カ国はTPNWに非加盟で、同条約による核軍縮の道のりは厳しい。日本は米国の核の傘の下にあり、日本政府はTPNW加盟は安全保障上のリスクが高いと判断している。

【防衛装備移転3原則】

日本政府が2014年に決めた、防衛装備品の輸出や国際共同開発に関する原則。装備品や関連技術の輸出を原則的に禁じていた「武器輸出3原則」を改め、一定の条件下で輸出を認めるようにした。

3原則は、①紛争当事国への移転などの禁止、②平和貢献や日本の安全保障などに資する場合は認める、③目的外使用や第三国移転については事前に日本政府の同意が必要、である。日本から装備品を輸出する場合は、防衛装備品・技術移転協定を相手国と結ぶ必要がある。
輸出の重要案件は国家安全保障会議（NSC）で審議する。輸出する場合には結果を公表。それ以外の装備品の輸出件数や輸出先などの全体像は年次報告書として公表する。

22年3月、ウクライナに自衛隊の防弾チョッキなどを無償供与するために運用指針を変更した。輸出は、日本と安全保障上の協力関係があり一定の条件を満たす国などが対象だが、ウクライナは該当しなかったため、「国際法違反の侵略を受けているウクライナ」との項目を加えた。供与する装備品は武器・弾薬など殺傷能力を持つもの以外に限定した。

【経済安全保障】
国家の安全保障を軍事力ではなく経済の面から実現する取り組みを経済安全保障と呼ぶ。米中対立の過程で経済力を武器として自国の国益を追求するエコノミック・ステートクラフトと呼ばれる手法を相互に多用するようになり、注目され出した。

2010年には尖閣諸島沖での漁船衝突事件を機に、中国から日本へのレアアース輸出が停滞。同時期に発生した日系企業関係者の拘束とともに、対日圧力を強めるのが目的と見なされた。

中国は平時から民間資源を軍事利用する「軍民融合」路線を進めており、同国の企業に先端技術が流出することは安全保障上の脅威に直結しかねないとの警戒感が米欧日では高まっている。とくに焦点になっているのは半導体の先端技術だ。

2019年5月に米国は中国のファーウェイに対する事実上の禁輸措置を発動し、その後も対象となる企業を拡大している。これに対抗して中国は国産半導体の供給網（サプライチェーン）を築くべく巨費を投じている。

日本では22年5月に経済安全保障推進法が成立した。供給網の強化、基幹インフラの安全確保、官民による先端技術の開発、特許の非公開、の4本柱で構成されている。同法の適用範囲についてはまだ明確でない部分が多く、企業の活動を萎縮させる懸念が指摘されている。

【サイバー戦争】

一般的なサイバー攻撃はハッカーが業務妨害や機密情報の窃取、金銭獲得を狙って行うものだが、こうした行為を国家が政治・軍事目的で行うことをサイバー戦争と呼ぶ。実行主体を特定しにくく、戦時と平時の区別もあいまいなことが特徴だ。ロシア、中国については、軍や情報機関がサイバー犯罪者と密接な関係にあると西側から指摘されている。

2021年5月には米国の石油企業のコロニアル・パイプラインがランサムウェア（障害復旧の身代金を要求するマルウェア）攻撃を受け、同社のパイプラインは操業を5日間停止した。これによって米国ではガソリンのパニック買いが発生し広範囲に影響が出た。

同年6月に開催された米ロ首脳会談では、バイデン米大統領がロシアのプーチン大統領に対して、重要インフラへの攻撃は許さないとして、16分野のリストを提示した。サイバー攻撃の国際法上の位置づけはなお未確定だ。NATOは21年6月に、サイバー攻撃を武力攻撃と同等の攻撃と見なす可能性があると宣言している。

北朝鮮　核とミサイルの実力

日本にとって目前の脅威は、何といっても北朝鮮の核・ミサイルだろう。「米帝国主義者の核による脅迫政策に対抗する道」として、核・ミサイルの開発を進める北朝鮮は、すでに核爆弾も保有し、ＩＣＢＭ（大陸間弾道ミサイル）やＳＬＢＭ（潜水艦発射弾道ミサイル）などの各種ミサイルの開発を急いでいる。

とくに２０２２年に入り、開発ペースが上がっているようだ。ＩＣＢＭや巡航ミサイル、多連装ロケット砲など、すでに試験発射は１９回に及ぶ。２２年３月２４日には「火星１７号」発射実験に成功した、と官製メディアが報道。「火星１５号」に続くＩＣＢＭの発射となった。ただ、実際に火星１７号という新型のものなのか、火星１５号の改良型、あるいは１５号発射時の写真を１７号と言っているのではないかと、その真偽に疑問符を付ける向きもある。

さらに、迎撃がより難しい極超音速滑空体（HGV）の開発も進めているようだ。2021年1月、最高指導者である金正恩（キムジョンウン）・朝鮮労働党総書記は、「極超音速滑空前頭部の開発・導入を行う」と述べた。同年9月には「火星8号の発射実験を行い、途中、分離された極超音速滑空体の誘導機動性と滑空飛行の特性などの技術的データを確認し、燃料系統とエンジンの安定性を確認した」と発表している。

7回目の核実験の注目点

ただ、これも実際に開発できたのか、実験に成功したのかは不透明だ。北朝鮮からの発表は写真のみ。技術のレベルなどを考えても、その真偽は疑わしい。とはいえ、主敵・米国に対する抑止力を掲げている北朝鮮にとって、米国から攻撃されないような強力な武器を開発するのは国家目標であり、そのレベルまで着実に押し上げようとしているのは間違いない。

同時に、「北朝鮮は間もなく7回目の核実験を行うのではないか」との見方が強まっている。北朝鮮北部・豊渓里（プンゲリ）の核実験場での慌ただしい動きが、米国の偵察衛星からの画像で確認されているためだ。

北朝鮮は2006年に初めての核実験を行って以降、その爆発の威力を高めてきたが、もし7回目の核実験が行われれば、その爆発力がどれくらいのものになるかに関心が集まっている。それにより、ICBMなど長距離ミサイルに搭載できる核弾頭で実験したのか、あるいは短距離ミサイルなどに搭載するいわゆる「戦術核」で実験したのかがわかるからだ。

北朝鮮は2017年に「国家核武力の完成」を表明しており、それからは実戦配備できる現実的な核弾頭の製造を進めていると考えられる。同年9月の前回核実験の規模より大きいものになるか小さいものになるかで、まずは北朝鮮が完成を急ぐ核ミサイルが判明する。

金総書記は2021年の第8回党大会で、核技術の高度化と超大型核弾頭の開発を明らかにしたものの、さらに小型・軽量化された戦術核兵器の研究も進めると明言している。あくまでも主敵は米国であるが、さまざまな規模の核弾頭を開発・生産することで、例えば日本や韓国の米軍基地などを標的にし、軍事的圧力をこれまで以上に増やす可能性が高い。

「隠遁の王国」といわれ、情報収集も難しい北朝鮮の動向をつかむのは困難なだけに、目前の危機として中国以上の不気味さがいつも付きまとう。

（福田恵介）

【積極派】「防衛費の倍増は当然だ　財源は国債発行で賄える」

自民党国防部会長・宮澤博行

――参議院選の自民党公約では、防衛費について「GDP（国内総生産）比2％を念頭に、5年以内に防衛力の抜本的強化に必要な予算水準の達成を目指す」としています。

防衛費のGDP比2％は、東アジア情勢を考慮すれば当然だと考える。必要な装備と人材をそろえようとすれば、今の2倍は必要だ。党内では、「個別の積み上げなのか」「初めに数字の目標ありきなのか」の議論があったが、当然両方のアプローチだ。必要なものを積み上げていけば、普通に2％になる。22年夏の来年度予算の概算要求では、増額幅が1兆円を超えられるかどうかが目安になる。財源の議論はこれからだが、国債で賄うことになるだろう。

――党の公約では反撃能力（敵基地攻撃能力）を明記し、その対象は敵国のミサイル基地に限らず指揮統制機能も含むとしました。

北朝鮮はミサイル開発を発射実験によってアピールし、中国は日本本土を射程に収めるミサイルを多数配備している。彼らが日本にミサイル攻撃をしないように、抑止力を高める方策が必要だ。

敵がミサイル発射の準備をしていることが確認できたら反撃するのは当然の権利であり、自衛権の行使だ。その際、より効果的な攻撃となるよう、軍事基地だけでなく指揮統制を対象にするのも当然だ。政府としてはまだ正式には主張しないだろうが、相手国の政治中枢を狙うのも検討されてよい。

――安倍晋三元首相は米国との「核共有」について、議論を始めるべきだと発言しています。

核について論点を整理すると3つの概念がある。1つ目は「核保有」。これは日本自らが核兵器を開発して保有すること。2つ目が「核共有」。米国の核兵器を国内に配備することだ。3つ目が「拡大抑止」。米国が保有し配備している核兵器によって相手国を抑止することだ。

1つ目の核保有は唯一の戦争被爆国としてありえないし、同盟国の米国も同意しない。2つ目の核共有も、現実的な選択肢にはなりえない。党の安全保障調査会で専門家を招いてヒアリングしたところ、「核共有は日本にはそぐわない」とほとんどの議員が納得した。その後の、党の国家安全保障戦略への提言に向けた意見交換でも、賛意を示す議員はいなかった。

現実的に考えて、米国の核兵器をどこに配備するか。政治の場での議論、場所の選定、住民への説明、反対運動など、政治的なコストは相当なものになる。結局、拡大抑止の下で日本の安全保障を構築するのがよい。軍事作戦においても、太平洋上から米軍が発射するほうが素早い対応が可能だろう。

――日本は「核の傘の下」にあるのに、核の議論は行われていません。

日本では核論議がタブー視されてきたが、中国や北朝鮮の核を考えると、避けては通れない。核をめぐる拡大抑止について、米国とは事務レベルでの協議にとどまっている。防衛相すら関与してこなかった。今後は政治家のレベルで、核についての意思決定のプロセスを議論していくことが必要だ。日本が米国に核の使用を要請することがあるのか、その場合はどのような方法で決めるのか。あるいは、米国が核を使用するときに日本が意見を述べる機会はあるのか。米国との議論が必要だと考える。

（聞き手・長谷川　隆）

宮澤博行（みやざわ・ひろゆき）

1975年生まれ。東大法卒。静岡県磐田市の市議会議員を経て2012年衆院初当選。当選4回。元防衛政務官。2021年から党国防部会長。安倍派。

【慎重派】「金額の目標ありきは不適切、反撃能力のあり方にも疑問」

元防衛相・岩屋　毅

――防衛費GDP比2％論を数字ありきだと批判されています。

自民党の提言や参院選の公約では、「NATO（北大西洋条約機構）諸国の2％以上を念頭に」となっており、「2％にする」との直接的な表現にはなっていない。金額の目標ありきで防衛費を決めるのは適切ではないという党内の意見が反映された結果だと思う。

NATOは集団安全保障の枠組みであり、相互に軍事協力する体制だ。加盟国はEU（欧州連合）とほぼ重なる。EUは財政赤字や公的債務残高についてGDP比でルールを設けている。単一通貨ユーロの信用維持のために必要だからだ。NATOやEU

は多国間体制のためにルールが必要で、わが国とはよって立つところが違う。

欧州各国で日本のＧＤＰを超える国はない。ＧＤＰ比２％と簡単にいうが、５兆円の防衛費を１０兆円にするとして、５兆円をどこから持ってくるのか。増額分を何に使うのか。そうしたことを説明しないまま、数値目標だけを先行させるのは適切ではない。

――反撃能力について慎重な立場を取っています。

敵基地攻撃能力を反撃能力と改称し、その保有を求めることを参院選の公約でも明記した。この言い換えは理解できる。しかし、わざわざ「反撃のための武器を持ちます」と、拳を振り上げる必要もないのではないか。

防衛力は着実に向上している。例えば１２式地対艦誘導弾は、改良型では射程を約１０００キロメートルまで延ばす。航空機や艦船からも撃てるようになるが、私は潜水艦からも撃てるようにすべきだと言っている。射程の長い兵器を持つことが、どういう意味を持つのか。周辺国はおのずとわかるはずだ。防衛力を高めることで、結果的に対外的な抑止力につながる。こうした進め方が適切だと思う。

ミサイル技術の進展や日本を取り巻く安全保障環境を考えれば、万が一のときに使うことのできる能力を保持するのは憲法でも許容される。だが、こうした兵器はほかに手段がない場合に最小限の範囲で保有すべきだ。敵基地を攻撃できるよう、あらゆる体制を取るとなれば、北朝鮮だけが対象ということにはならない。中国やロシアも対象にせざるをえない。そうなれば、あれも足りない、これも足りないとなり、際限なく装備を増やしていくことになりかねない。

反撃能力について、対象に指揮統制機能まで含めると党の公約などに盛り込まれたが、こんなことを書く国はほかにない。これはオペレーションに属することだ。政治指導者を狙うのかなど余計な議論を惹起する。防衛政策上、無益どころか有害だ。

——安全保障では外交も重要です。

ロシアはウクライナ侵攻によって、外交的には大失敗を犯した。NATOの結束を固め、中立を保っていた国々もNATOに加盟しようとしている。今後、国際舞台におけるロシアの存在感や威信は著しく低下していく。安全保障ではさまざまな重層的取り組みが必要で、もちろん防衛力を充実・強化することは必要だが、それですべてが解決するわけではない。経済連携や価値観の共有など総合的な取り組みが大事だ。

（聞き手・長谷川　隆）

岩屋　毅（いわや・たけし）

1957年生まれ。早大政経学部卒。大分県議会議員を経て、90年衆院初当選。防衛政務官、副外相などを歴任。2018～19年防衛相。当選9回。麻生派。

中国の台湾制圧は難しい　本当の勝負は30年後に

2020年の参議院選挙では「台湾有事は日本有事」という言葉があちこちで聞かれた。中国が武力による併合を図った際に米軍が台湾防衛のため介入するなら、在日米軍基地も中国の攻撃対象になる可能性が高いからだ。

そうした事態が迫っている、とみる人は日本にも米国にもいる。中国の習近平国家主席は22年秋の共産党大会で党のトップとして異例の3期目に入った。新しい任期が終わる2027年までに台湾併合の実績を上げたいはずだという観測は根強い。その工程表がロシアによるウクライナ侵攻に乗じて前倒しされるというわけだ。

もっとも、現段階で米国当局はそうはみていない。5月10日に米上院で証言に立ったヘインズ国家情報長官は「ウクライナ危機が台湾に対する中国の計画を加速させるとは評価していない」とコメント。ロシアの苦戦と国際的な孤立ぶりから、中国は軍事侵攻のコストの大きさと西側からの経済制裁のリスクを認識した、という。台湾の陳明通・国家安全局長も同時期に「蔡英文政権の任期（24年5月まで）中の台湾有事はありえない」と発言している。米台の情報機関トップの認識が一致しているのは、現時点では中国が武力で台湾を制圧することが極めて難しいからだ。

中国共産党にとって台湾は放棄するわけにはいかない「核心的利益」だ。それだけに、自ら戦を仕掛けて失敗すれば習政権の基盤そのものが危うくなる。

台湾での日本の大使館に当たる日本台湾交流協会台北事務所で安全保障担当主任（駐在武官に相当）を務めた渡辺金三・元陸将補は、「中国が圧倒的な侵攻能力を持っているとはいえない」と言う。

そもそも台湾は上陸作戦を行うのが極めて困難な地勢だ。台湾海峡の潮の流れは速く、艦隊行動が難しい。冬場には濃霧と強風も発生する。そして大部隊の上陸に適した海岸は数カ所しかない。狙われる可能性が最も高いとみられるのは台北に近い桃園周辺の海岸だが、当然そこは厳重に防御されている。上陸に成功して台北を占領しても、島の中央には3000メートル級の山が連なっており全島を制圧するには相当の時間がかかる。

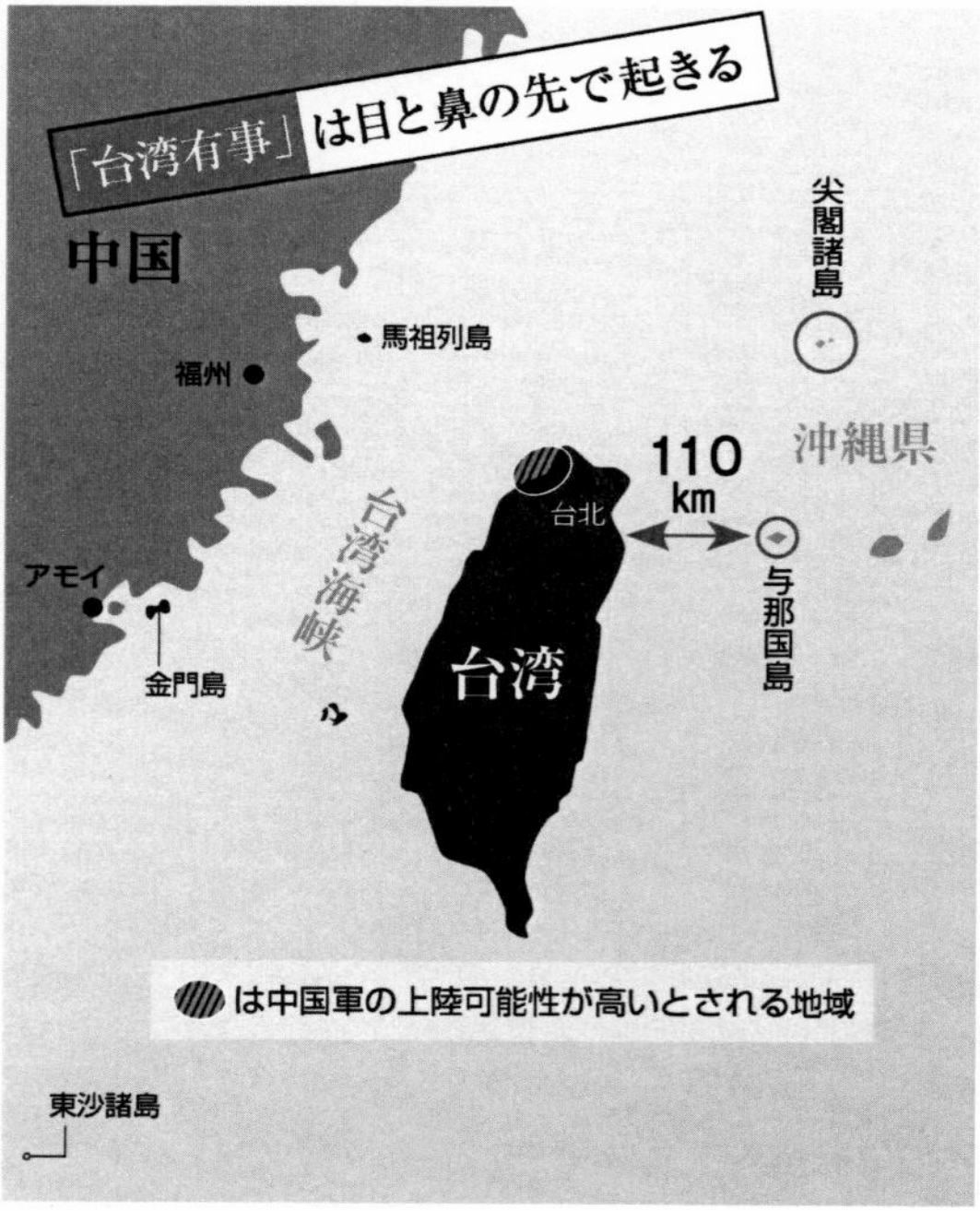
「台湾有事」は目と鼻の先で起きる
中国
馬祖列島
福州
尖閣諸島
沖縄県
110 km
台北
与那国島
台湾海峡
アモイ
金門島
台湾
は中国軍の上陸可能性が高いとされる地域
東沙諸島

中国の総兵力は巨大だが、台湾攻略を担当するであろう東部戦区（司令部・南京）、南部戦区（司令部・広州）の水上艦艇や戦闘機は台湾制圧には不十分で、揚陸能力も限られる。「侵攻側が勝つには防衛側の3倍の兵力が必要」という定説はウクライナでも証明されつつあるとおり。台湾に米軍の来援があるならなおさらだ。

中国側兵力はまだ整備の途上

	中国		台湾
	総数	台湾海峡地区	
陸上兵力	104万人	41.6万人	8.8万人
水上艦艇	80隻	62隻	26隻
潜水艦	71隻	39隻	2隻
戦闘機	1600機	700機	400機

(注)中国側の「台湾海峡地区」は東部戦区と南部戦区の合計
(出所)米国防総省「中国軍事力報告2021」

中国は核武装国だが、米中の核戦力には大きな差がある。そのため現状では米国の核による抑止が効いて、中国は通常戦力で戦うしかない。

台湾本島は諦めて金門島や馬祖列島などの離島の奪取を狙うという見方もあるが、中途半端な武力行使はかえって台湾社会を独立の方向に押しやるだけだろう。

中国でも人民解放軍などから時として強硬論が噴き出すことがある。2020年にはコロナ感染の広がりによって、太平洋に展開する米空母が長期の寄港を余儀なくされた。これを好機と見なす声があった。

このときは軍内から軽挙を戒める声が上がった。共著『超限戦』で知られる喬良・退役空軍少将は米国との総合的な国力の差はコロナ禍程度で埋まらないと指摘。「有事には台湾から外資はすべて引き揚げてしまう。失業した2000万人の台湾住民をどう統治するつもりか」と強硬派をたしなめた。

日米が後押しして台湾が独立を宣言するといった後に引けない事態に直面しない限り、中国が現時点で武力行使に踏み切る合理的な理由は乏しい。そのため「圧力をかけるだけで攻撃はしない（囲而不攻）」という状況がしばらく続く、とみるのが自然だ。

中国が戦術核を使う日

これは、時間は中国に味方する、ということの裏返しでもある。

米国政府は中国の核弾頭が2027年には700発、30年には1000発に至ると推計している。このペースでいけば、50年ごろには米国と並ぶ数の核弾頭を保有して、米中間にはお互いに戦略核を使用できない、相互確証破壊（MAD）の状態が成立しそうだ。

こうなって初めて、中国は台湾有事の際に戦術核を使うオプションを手にする。前出の渡辺氏は「例えば沖ノ鳥島に弾道ミサイルで戦術核を撃ち込み、介入しないよう日米に警告を与えるシナリオが考えうる」という。日本の最南端である沖ノ鳥島は、沖縄本島と米領グアムの中間にある軍事的要衝だ。中国は島ではなく岩礁だと主張しており、核攻撃への国際社会の反発は限られるとの計算も働こう。

それまでの期間に中国は台湾社会にさまざまな工作で揺さぶりをかけ続ける。「中国からの資金は村落のレベルにまで浸透しており、世論を変えるための認知戦をあらゆるルートで仕掛けている」（台湾・民進党政権の閣僚経験者）。３０年先に台湾の世論がどう変わっているかは誰も予測できない。中国との統一への支持が、今では考えられないほど広がっていることもありうる。

中国の通常戦力も現状よりはるかに増強されているはずだ。この段階になってようやく、中国による台湾併合は現実味を帯びてくるといえるだろう。

それまでの時間をどう生かすかは日本にとっての重い宿題だ。

台湾有事に関するさまざまなオプションを検討し、国民的な議論の対象とする必要がある。例えば米国が台湾有事の際に在日米軍基地の使用について事前協議してきたとする。その際に中国が「応じなければ日本は攻撃しない」と宣言したらどうするか。逆に米軍が武器支援にとどめ参戦をためらった場合、台湾から参戦を求められたら日本は応じるのか。いずれも泥縄では済まない難題である。

台湾には2万人、中国には１１万人もの邦人がいる。とくに後者に関しては台湾有事の際の救出手段について検討がほとんど進んでいない。中国と本気で事を構えるなら、経済的な相互依存を抜本的に見直す必要が出てくる。こうした根本課題を直視せずして安全保障の議論は深まらない。

（西村豪太）

「台湾有事は目前の危機　核抑止を強めて多様な備えを」

同志社大学　特別客員教授・兼原信克

台湾有事がリアルな問題として迫ってきている中、有事の際に中国を抑止できる体制にあるかどうかが最重要だ。

日本は1国だけでは絶対に中国に勝てない。米軍は巨大な軍隊とはいえ、欧州、中東、極東に勢力を分散している。つまりは緊密な日米同盟が不可欠で、米国政府は日本の防衛費増額を歓迎している。米国は応分の負担をしてほしいと考えていて、極論すれば「核兵器以外は何でもやってくれ」というのが本音だ。

2022年5月、バイデン米大統領が台湾防衛のために軍事的関与を行うと発言したが、これはよかった。イエスと言わないと、中国に間違ったメッセージが伝わる懸念があった。

核抑止というが、抑止力は通常兵器から始まる。相手が一段上のことをやってきたら、それより一段上のことをできないと抑止にならない。最終局面で「核を使う」と言われ、「ノー」と押し返したいならば、相応の備えが必要だ。現実的なのは、核搭載中距離巡航ミサイルの海洋配備を米国に要求することだ。米国は同ミサイルの保有が少なく、かつ海洋配備をやっていない。太平洋の原子力潜水艦に搭載し、日本への抑止力提供をしてもらうべきだ。これだと非核三原則は2・5原則になるが、容認しないと抑止力にならない。


一方で、核共有（シェアリング）はハードルが高い。日本が核兵器を撃つことになれば、米国の核運用と日本とを完全に一体化させなければならない。しかも核共有は核拡散につながるから、米国が最も嫌うことだ。日本が「共有したい」と強く要求したとしても、米国は動かないだろう。

現在の安全保障環境を考えれば、日本の防衛体制は今からやらないと間に合わない。それこそ弾薬がない、基地も実は攻撃に耐えられない、自衛隊の医療体制も貧弱という状況だから、すぐに対応しないといけない。サイバー攻撃への備えもしっかりやらないといけない。要は、中国への「構え」が必要で、構えていれば彼らは攻めてこない。軍隊はそもそも戦争を始めさせないのが仕事だ。戦争を仕掛けるとかなりの血が流れますよ、くらいは見せておかないといけない。

日本で決定的に欠けているのは、学術研究の成果を軍民共用として推進する体制だ。学界も軍事アレルギーが強すぎる。これは「経済安保」につながる課題でもあるが、研究者の基礎・応用研究に予算をつけ、防衛産業に転用できるようにするべきだ。日本の科学技術予算は4兆円だが、ほとんど防衛省に触らせない仕組みだ。防衛予算は5兆円で、これに研究開発予算のいくらかでも足せば、経済産業省や民間企業を幅広く巻き込み、もっと大胆で腰を据えた研究開発ができるようになる。

（構成・長谷川　隆）

兼原信克（かねはら・のぶかつ）

1959年生まれ。東大法卒、外務省入省。第2次安倍政権で、内閣官房副長官補（外政担当）、国家安全保障局次長を務め2019年に退官。

「認識の違いを埋めよ　バランス感覚の喪失を懸念」

NPO法人　国際地政学研究所理事長・柳澤協二

抑止とは武力で勝ることによって相手に行動を強制することだ。だが、戦争による被害を覚悟してでも達成したい目標を持っている国に抑止は効かない。台湾が本当に独立しようとすれば、中国は米国が何を言おうと武力で阻止するだろう。

しかし台湾は急いで独立しようとはしていない。中国は台湾制圧の大変さを認識している一方で、時間の経過とともに自国の国力が増すので中国が有利になると期待している。米国は「中国が武力で台湾を併合するつもりなら米軍を動かす（かもしれない）」と言っているだけだ。実質的に現状維持を志向する点で3者の言い分は矛盾していない。そのことを相互に再確認し安心供与を行えば、戦争の動機をかなりの程度減らすことができる。

軍事力を増強して対決姿勢を強めるだけではなくて、対立の源になっている互いの認識の食い違いを埋めるべきだ。今はそういう外交努力がまったく見えない。

現時点で中国が武力行使する可能性は高くないが、このまま意思疎通なしに政治的な現状変更を繰り返していくと、互いに引けなくなる危険がある。そして米軍が日本の基地を拠点に戦争する限り、「日本は部外者だ」とは言えない。それに加えて自衛隊も一緒に中国軍を攻撃することになれば、日本は完全な戦争当事国だ。


いま日本では敵基地攻撃論が盛んだが、米軍は台湾有事の際に中国本土をいきなり攻撃するようなプランは持っていないはずだ。そこまで戦争を拡大させず、台湾周辺の海上で巡航ミサイルによって中国艦隊を撃滅することを目指すだろう。この範囲の戦いであれば、中国も日本やグアムの米軍基地を攻撃しないと想定されるからだ。

中国本土を攻撃対象にすると、一気に互いの本土を対象にして戦争は拡大することになる。米国はウクライナにロシア本土に届くような武器は提供していないが、同じような配慮が働くだろう。

仮に自衛隊が中国国内を攻撃できるようになっても、それだけでは中国を抑止できない。再反撃ができないよう相手のミサイル能力の大半を制圧する必要があるが、そんな大軍拡は非現実的だ。自衛隊が長射程のミサイルを持つのはいいとしても、それで「敵基地攻撃をする」とアピールするのはかえってマイナスだと思う。

そもそも、止めどないミサイルの撃ち合いになることを米国は避けたい。まして真っ先に撃たれるのは日本なのだから、日本は米国を止めてしかるべきだ。

1997年にガイドライン（日米防衛協力のための指針）を改定したとき、われわれが真っ先に考えたのは「中国にどう説明しようか」ということだ。そのときは北朝鮮の脅威への対処を理由にした。確実に文句を言いそうな国に接触して関係を維持するという発想は外務省にも防衛庁（当時）にもあった。そうしたバランス感覚が失われていないか心配だ。

（構成・西村豪太）

柳澤協二（やなぎさわ・きょうじ）
1946年生まれ。東大法卒、旧防衛庁入庁。2004年から09年まで内閣官房副長官補として安全保障政策と危機管理を担当。

核配備で自信深める中国　先制不使用は変更も

笹川平和財団上席研究員・小原凡司

ミサイルと核兵器（核弾頭）の開発に熱心な中国。建国以来、米国を抑止するため、ミサイルの長射程化や精度の向上、核弾頭の能力向上を急いできた。

中国の最新ミサイルが大陸間弾道ミサイル（ＩＣＢＭ）のＤＦ－４１（東風４１号）である。２０１２年に初の発射試験が行われ、１９年の建国７０周年記念軍事パレードにおいて公開された。同パレードを報じた中央電視台は最後に登場したＤＦ－４１を紹介する際、ほかの兵器より多くの言葉を用いて紹介し、対米抑止の最重要兵器であることをうかがわせた。射程は１万５０００キロメートルとされる。

中国のＩＣＢＭには、これ以外にもＤＦ－３１、ＤＦ－５がある。

ＤＦ－３１の射程は８０００キロ、改良型のＤＦ－３１Ａは１万２０００キロとされる。ＤＦ－５の射程は1万2000キロ、その改良型であるＤＦ－５Ｂの射程は1万5000キロである。ＤＦ－５のほうが射程は長いが、このミサイルは山中などに建設された格納庫から発射台に移動して発射するのに対して、ＤＦ－３１／ＤＦ－３１Ａは、輸送起立発射機と呼ばれる移動式の車両に搭載され機動展開が可能で、任意の地点から発射できる。

ＤＦ－５シリーズは液体燃料を使用しており、ＤＦ－３１シリーズは固体燃料を使用している。液体燃料は安定して強力な推進力を得ることができる反面、注入してから発射までの時間が制限される。一方の固体燃料は長期間ロケット内での保管が可能であるが、安定した推力を維持する燃焼が難しいという問題がある。そのため、ＤＦ－３１シリーズは機動展開できるようになった反面、射程に制限が加わったと考えられる。

ＤＦ－５ＢとＤＦ－３１Ａはいずれも米国本土を射程に収めている。また、上述の液体燃料および固体燃料の欠点は技術の向上によって大幅に改善されている。

ＤＦ－３１を基礎に開発されたＤＦ－４１は、固体燃料を使用しているが、射程は1万5000キロまで延伸された。さらに最大１０発の子弾を搭載できるよう多弾頭化されている。

米国、中国の核弾頭保有数と主要な運搬手段

		米国	中国
ミサイル	ICBM （大陸間弾道ミサイル）	400基 ミニットマンⅢ 400	94基 DF-5（CSS-4） 20 DF-31（CSS-10） 56 DF-41 18
	IRBM （中距離弾道ミサイル）	−	254基 DF-4（CSS-3） 10 DF-26 110
	MRBM （準中距離弾道ミサイル）	−	DF-21（CSS-5） 134
	SLBM （潜水艦発射弾道ミサイル）	280基 トライデントD-5 280	72基 JL-2（CSS-NX-14） 72
	弾道ミサイル搭載原子力潜水艦	14	6
	航空機	66機 B-2 20 B-52 46	104機 H-6K 100 H-6N 4
	弾頭数	約3,800	約320

（出所）『令和3年版防衛白書』

全土にミサイル配置

射程3000～4000キロの中距離弾道ミサイル（IRBM）の主要兵力はDF－26である。15年の抗日戦争勝利70周年軍事パレードにおいて初めて対艦弾道ミサイルと紹介された。

また中距離弾道ミサイルより若干射程が短い準中距離弾道ミサイル（MRBM）としてDF－21を配備している。さらに距離的に近い相手を攻撃する短距離弾道ミサイル（SRBM）があり、DF－16、DF－15、DF－12、DF－11などを配備している。

中国は19年10月の建国70周年軍事パレードにおいて、極超音速滑空兵器を弾頭部に搭載した、DF－17（MRBM）を公開した。極超音速で機動する弾頭を迎撃することは、現在のミサイル防衛システムでは困難である。

MRBM、IRBM、ICBMの基地は中国全土に分散されている。一方でSRBMの部隊は、浙江省、江西省、福建省、広東省など中国沿岸部に集中しており、台湾を攻撃するための配備であると理解できる。

ＭＲＢＭのＤＦ－２１シリーズは射程２０００キロ以上ともいわれる。射程２０００キロとすると、例えば、このミサイルを配備する山東省の第６５３旅団は、東京付近からフィリピン北部に至る海域をカバーできる。つまり、東シナ海全域および台湾周辺海域に存在する海上自衛隊や米海軍の艦艇を攻撃することができるのである。

同じくＤＦ－２１Ｄを配備する海南島の第６２４旅団は南シナ海全域をカバーする。東シナ海および南シナ海における米国やその同盟国の水上艦艇の行動を拒否することができるのだ。

さらにＤＦ－２６（ＩＲＢＭ）は４０００キロといわれる射程によって、より広い海域に存在する米国などの水上艦艇を攻撃できる。有事の際、中国に接近する米国の増援部隊の行動を阻止することが役割だ。中国の軍事戦略「接近阻止・領域拒否（Ａ２／ＡＤ）」の主役である。

中国は戦略核兵器の開発・配備を進めてきたが、米国と比べ核弾頭数や大陸間弾道ミサイル数で劣っており、それが米国の核使用を抑止することに結び付かないのではないかとおそれてきた。仮に核抑止が破綻しても、米国の対中軍事力行使を回避できるよう、Ａ２／ＡＤ能力を増強してきたのである。

ＩＣＢＭ格納庫の意味

しかし最近の中国は、戦略核兵器においても米国と対等であるという自信をつけつつあるように見える。内陸の内モンゴル自治区や甘粛省にＩＣＢＭサイロ（格納庫）と思われる施設を建設しているのだ。所在地が確認でき、敵の攻撃に脆弱であるＩＣＢＭサイロを構築するということは、敵の攻撃を受けてから報復攻撃をすることが困難になるということである。

そのため、サイロを用いた運用は、敵の核攻撃の兆候を得た時点でＩＣＢＭを発射するLaunch on Warning（警報即発射）という方式にならざるをえないと考えられる。これまで中国は、敵が核を使うまでは先に使用しない「先制不使用」を表明してきた。

しかし兆候（警報）だけで核を用いるとすれば、実質的な核の先制不使用の放棄である。

先述のとおり、中国が米国と同じようにＩＣＢＭサイロを用いるのは、米国と同等の戦略核兵力を保有しつつあるという自信を示すものだ。対等に撃ち合えると認識するからこそ、米国と同様の運用方式を採用する。

抑止は認識の問題である。中国が、米中間の戦略核兵器による抑止が対等になったと認識すれば、中国が構築してきたＡ２／ＡＤ能力の分だけ、中国に優位が生じたと認識するかもしれない。中国が米国の軍事力行使を抑止できると認識すれば、例えば、台湾武力侵攻などの「実力による現状変更」を試みる可能性もある。

中国の実力による現状変更の試みを抑止するためには、米国とその同盟国が中国のＡ２／ＡＤは無力化できると示し、国連憲章が禁ずる武力行使を中国が試みれば、これを阻止するため軍事行動が行われることを示さなければならない。いま求められるのは、米国とその同盟国が中国に対する抑止力の不足を補うことなのである。

そのため米国インド太平洋軍はすでに太平洋抑止イニシアチブを打ち出している。この中では、日本も大きな役割を果たすことが求められている。

小原凡司（おはら・ぼんじ）

1985年防衛大学校卒業。筑波大学大学院修士（地域研究）。元1等海佐。北京の防衛駐在官や海上幕僚監部情報班長などを歴任。小誌「中国動態」欄の定期寄稿者。

「ハイブリッド戦争」に善戦

情報を武器にしたウクライナ

中曽根平和研究所 研究顧問・長島 純

ロシアのウクライナ侵攻が始まって4カ月半が経過した。短期決戦をもくろんだロシアに抵抗を続けてきたウクライナから、日本の防衛への教訓を探したい。

2014年のクリミア併合当初に比べ、ウクライナのレジリエンス（脅威への耐久性）は格段に上がっている。ゼレンスキー大統領ほかウクライナの指導者が、サイバー攻撃やロシアによる「マスキロフカ（軍事的欺瞞）」への対策を入念に準備していたのが大きい。

クリミア併合では、非正規戦やサイバー攻撃などを複合的に行う「ハイブリッド戦争」の手法が大きな効果を上げた。これに脅威を感じた米国をはじめとするNATO

（北大西洋条約機構）諸国は真剣に対処法を考え、その知見がウクライナ側を支えた。さらに米国の起業家イーロン・マスクが衛星通信サービス・スターリンクの機能をウクライナに提供したように、民間企業による協力も大きかった。また、同じく米マクサーは自社の商用衛星画像の提供を通じて、軍事面でのＯＳＩＮＴ（一般公開情報に基づく情報活動）の活用に拍車をかけた。これらの非軍事的主体が戦争に参加して、戦局に影響を与えるとは、ロシア側は想定していなかったであろう。

ロシアによるハイブリッド戦争は２００７年にエストニアに対する大規模なサイバー攻撃によって幕を開けた。その後、０８年のジョージアとロシアの武力紛争、そして１４年のクリミア併合において、より洗練されたハイブリッドな戦いが展開された。

ロシアは「ハイブリッド戦争」を繰り返してきた
ロシア
ベラルーシ
ポーランド
ウクライナ
エストニア
2007年5月、首都タリンにあった旧ソ連兵士銅像の撤去をきっかけに大規模サイバー攻撃を受ける。国内のネット機能がマヒした反省から、その後にサイバー防衛教育を徹底
ウクライナ（クリミア併合）
14年3月、クリミア半島を電撃的にロシアが併合。正規軍ではない武装勢力の動員、重要インフラの破壊、フェイクニュース拡散などで相手を攪乱する「ハイブリッド戦争」の典型例
ジョージア（グルジア）
08年8月に南オセチアの帰属をめぐってロシアとジョージアが武力衝突。ジョージアの政府機関のサイトと重要インフラがサイバー攻撃によってアクセス不能状態に陥った

今回、開戦前後にウクライナに大規模なサイバー攻撃が仕掛けられたのは事実である。だが、ウクライナ政府の対応チームの迅速な処置や米マイクロソフトによる技術支援によって、その攻撃は限定的なものにとどまった。これは、ウクライナ側の計画的なサイバー防御が有効だった証しであるとともに、ロシアの戦争目的がゼレンスキー政権の排除と軍の無力化であり、深刻重大な攻撃が控えられたからであろう。水や電気などの重要インフラをサイバー攻撃によって完全に破壊してしまうと、その後のロシアの傀儡（かいらい）政権による復旧と統治が困難になりかねない。

侵攻開始の当日には米国の衛星通信サービス大手であるビアサットがサイバー攻撃を受けたが、それは、ウクライナのみならず欧州全域に大きな影響を与えた。そうした事例が続けば、ＮＡＴＯが集団的自衛権を発動して、ロシアのサイバー攻撃に反撃する事態を招きかねない。ＮＡＴＯが警告してきたように、ハイブリッド戦争による重大な影響が周辺国に及べば「戦争の性格が変わる」ことになるので、ロシアとしても攻撃の方法や強度に関して慎重にならざるをえなかったのだろう。

「情報」の扱いが変わった

ウクライナ侵攻が始まる直前には米英などの情報機関によってロシア側の情報がどんどん公開されたが、これは画期的なことだ。脅威が多様化する中でインテリジェンス（機密情報）の概念が大きく変わってきている。自分の手の内を明かさないために隠すのではなく、相手の動きを止めるために積極的に表に出すという考え方が出てきた。

これには2021年の米軍撤退後に生じたアフガニスタン崩壊の教訓が生きている。首都カブールへのタリバンの進攻が予想されていたにもかかわらず、その進攻時期に関する情報を西側の同盟国が共有できていなかった。そのため各国が輸送機などを十分確保しないうちに政権が崩壊し、民間人や現地協力者の避難に多くの混乱が生じた。

ウクライナでは民間人がSNS（交流サイト）で発信した情報や画像がOSINT情報として軍事的に活用されるようになった。先進技術の進化によって身近な情報デバイスが高度化していることが、インテリジェンスの前提を大きく変えている。

民間企業や商用衛星などの情報を含めて幅広い情報を集め、ビッグデータ化したうえで、それを多国間で共有してさまざまな観点から分析し、早くアウトプットをしてそれをまた共有するというオール・ソース・アナリシス（あらゆる情報手段を活用した総合的な分析）による情報サイクルの定着が著しい。ロシアはその対応に遅れ、西側の開かれた社会との差が出た。

今やファイブアイズ（米国、英国、カナダ、豪州、ニュージーランドによる秘密情報同盟）の中でも、膨大な情報を処理するうえでＡＩ（人工知能）や量子コンピューターをどう活用するかが重要な課題として浮上している。

ただ、こうした手法が今後もずっと有効かといえば、そうではないかもしれない。ＮＡＴＯはロシアの膨張主義を抑えるためにもウクライナへの支援を惜しまないが、長期にわたりロシアが武力行使を続けているシリアではその積極性を見せようとはしていない。

ウクライナはうまく国際世論を味方につけたが、有事の際に日本に同じことができるかといえば難しい。日米同盟を基軸としながらも、多国間の同盟関係、友好関係をさらに強化する必要がある。

ロシアのウクライナ侵攻では、西側の同盟関係を分断し、米国を欧州から排除して新しい秩序をつくろうという意思がプーチン大統領にはあっただろう。日本としては米国に加え豪州、ニュージーランド、韓国など価値観を共有しうる国々との重層的な安全保障の枠組みをつくっていくべきだと思うし、実際その方向に動いている。

リテラシーが命綱

これまでも、相手の抵抗の意思を失わせるための情報戦は、例えば宣伝ビラの散布のような形で行われてきた。そうした不特定多数を対象にするプロパガンダと違い、現在行われている「認知戦」はより標的を絞って実行される。

SNSを通じれば、ある特定の階層あるいは年齢層に対してピンポイントで攻撃ができるようになった。タイミング、攻撃手法、送る情報の内容などを非常に精細に設計できるので、より効果が出てくるだろう。

怖いのは、そうしたフェイクニュースを自分のＳＮＳなどで拡散してしまうことだ。それを避けるには、個々人の情報リテラシーを上げていくほかない。日本でもコロナ禍でそうした意識は高まっていると思うが、安全保障についても同じような発想が必要になる。

長島　純（ながしま・じゅん）
元航空自衛隊空将。１９８５年防大卒。ベルギー防衛駐在官（兼ＮＡＴＯ連絡官）、国家安全保障局審議官、空自幹部学校長を歴任。欧州、宇宙、先端技術の安全保障問題に詳しい。

「戦える部隊」への脱皮を

作家　元陸将補・二見　龍

近年の戦争は、陸・海・空の通常兵器の戦闘だけでなくサイバー空間なども含めた「ハイブリッド戦争」の様相を呈している。これは平時と戦時の区別のない戦争である。目標を限定したハイブリッド戦争では、サイバー攻撃や電子戦、特殊作戦などにより作戦遂行は短期間に終了する。

各国は新たな戦争形態に適応できるよう、戦車、大砲など重戦力の削減を進める一方で、新たな戦い方のために兵器や装備品の開発を急いでいる。

2022年のウクライナ戦争において軍事関係者にとって意外だったのは、ロシア軍の重戦力を重視した陸上での作戦に対し、ウクライナ軍の、訓練された小部隊を用いて敵の弱点を巧みに突く作戦が奏功していることである。ロシア軍の部隊同士の連携と兵站（へいたん）活動の悪さも相まって、ウクライナ軍の健闘が結果として目につく。

中国の軍事的脅威にさらされる日本にとってウクライナ戦争から導き出される教訓は何か。日本の自衛隊（とりわけ陸上自衛隊）は、どんな戦い方をすればよいのか。普通科連隊長や幕僚の経験などを基に考察したい。

兵站が作戦を規定する

ウクライナ戦争での何よりの教訓は兵站の重要性である。兵站は、兵器・装備品の補給や整備、負傷兵の後送・兵士の補充などのこと。訓練は決まった日数の下で、決まった補給品を使用して行われるが、実戦はいつまで続くかわからないうえ、戦闘状態によっては兵站量は膨大な規模になる。軍隊では兵站支援を行える範囲が戦闘可能な範囲といわれるほどで、部隊規模が大きくなればなるほど、兵站が作戦を規定する。

例えば師団（1万人規模：戦車、ヘリコプター、砲兵、通信、兵站部隊などを有し、独立して戦闘ができる単位）は、1日に2000トン以上の補給物資が必要となる。5トン積載できるトラックであれば、毎日400両の車両が補給品を輸送し、物資集積所においては戦車用、砲兵用の弾薬などの仕分けをして各部隊に届ける。

10個師団（10万人）が作戦に加わるとなれば、毎日4000両分の補給物資が必要になる。弾薬が占める割合はそのうちの90％で、残り10％の中に、燃料、食料、水などの補給品が含まれる。これらを毎日、最前線に供給しなければ、戦闘の継続は難しくなる。

また最前線からは、故障したり壊れたりした装備品が後方地域に設置した整備工場へ運ばれる。負傷兵や命を落とした兵士の後送も、当然ながら必要である。

地対空ミサイルなどの精密誘導兵器はミサイルや精密誘導弾を撃ち尽くし「弾切れ」を起こせば、それで戦闘終了である。弾薬が供給されて初めて継続的な戦闘が可能になるのだ。

精密誘導兵器はピンポイントで目標を破壊できるが高価なことがデメリットだ。対して、通常弾は安価であるが無誘導であり、弾量で目標を破壊するため多くの量が必要になる。

これまでの防衛力整備では、新規の装備品を導入するたびに価格は2倍程度に跳ね上がったが、防衛費は一定水準のため、導入量を低く抑えるか、何かほかの物を削減しなければ新規装備の導入は難しかった。そのため精密誘導弾をはじめとする弾薬、整備用器材、訓練経費など、部隊活動に必要な分野を削減しなければならなかった。例えばミサイルにしても弾薬量は十分でない。現状の訓練は交戦回数（地対空ミサイルで戦闘機と交戦する回数）を絞った想定にしており、およそ実戦向きではない。これを真に必要な量に改めなければならない。

自走榴弾（りゅうだん）砲（大砲）の弾薬などの通常弾は、戦いの烈度（激しさ）と戦闘の期間から所要量を確保しなければならないが、現在は潤沢であるとはとてもいえない。何より大規模な演習場がある北海道に相当量が保管されており、西日本や南西諸島への備えは手薄である。今後は弾薬の備蓄と所要量を保管するために弾薬庫の整備も必要になってくる。

弾薬は訓練で使用するものも十分に確保しておかなければ、装備があっても使いこなせない「張り子の虎」に陥る可能性がある。

部隊の練度は生もの

軍事関係者の間で「部隊の練度（戦闘力）は生もの」といわれるように、部隊は訓練を行わなければ練度は急速に低下する。世界各地の戦争の形態やドローンなど新兵器の研究を行い、訓練の内容をバージョンアップしなければ、部隊は有効な戦いができなくなる。

例えば陸上自衛隊は国内の演習場において、陣地攻撃、陣地防御の訓練を行っているが、従来の訓練内容をずっと踏襲している。教範（戦い方などを記述した教科書）もバージョンアップされていない。今後は電子戦、サイバー戦、無人機・ドローンがつねに運用される状況の中での訓練が必要になる。さらには、台湾有事を想定すれば、海上自衛隊、航空自衛隊との統合作戦、米軍との共同訓練をさらに進めていくことが必要となる。

武器や装備品の導入から部隊配備されるまでの期間の長さも指摘しておきたい。新たに開発された20式小銃（ライフル）の部隊への配備が2022年から開始された。一方で、現在標準となっている89式小銃は1989年の配備開始から30年以上かかって全隊員に行き渡った。20式小銃も同じように時間がかかるのだとしたら大いに問題である。

この切り替えの期間（更新長径）を5〜7年程度にしなければ訓練は非効率であるし、実戦においては有効射程が長い最新式の小銃のほうが圧倒的に有利である。500メートルの有効射程のある小銃には、スコープや光学照準機器が標準装備となり命中精度も格段に高くなる。装備は部隊で統一したほうがよいのは明らかであるし、性能に劣る小銃を持たされた隊員は危険な状態に置かれることになる。

小銃の配備は予算の仕組みを変えることで解決可能なはずであり、それが現場の戦闘力を強化することになる。こうしたことは装備全般にいえることである。

防衛費については陸・海・空3自衛隊でのシェア争いが指摘されてきた。現場指揮官の経験からいえば、決められた予算内に抑えるため、性能・機能の削減、整備用機材や弾薬の削減、訓練経費の削減をせざるをえないことがあった。

現在、防衛費をGDP（国内総生産）比で2％に引き上げることが検討されている。中国の台頭に対処するためには防衛費の増額は大いに歓迎することであるが、自衛隊はより実戦を意識し、強い部隊の育成に努めなければならない。その点で、これまでの装備体系、装備導入要領（装備の調達）、訓練内容についても不断の見直しが不可欠である。

二見　龍（ふたみ・りゅう）

1957年生まれ。防衛大学校卒業。第40普通科連隊長、東部方面混成団長などを務めた。「戦闘組織から学ぶ人材育成」をテーマに執筆やユーチューブで発信。現在カナデンに勤務。

陸自は「1選抜」が駆け上がる

自衛隊高級幹部の昇任と選抜の仕組み

フリーライター・桃野泰徳

陸・海・空で、定員24万7000人を抱える巨大組織、自衛隊。日本の国防の要であり、危機に際し自衛隊が機能不全に陥れば、国家として残された選択肢はほとんどなくなる。

そのため原田智総・東京都危機管理監（元陸将・東北方面総監）など退役後に地方自治体で危機管理の重職に起用される幹部は多い。幹部自衛官には不測の事態にも動じない強い心身が求められる。そんな彼らはどのような教育を受け、どのような人物が重要なポストを任されるのだろうか。

幹部候補は大きく3種類

始めに幹部自衛官の教育について説明しよう。ここでは定員15万人を数える最大勢力・陸上自衛隊を中心に見ていく。

陸自で幹部を目指す者は、幹部候補生学校（福岡県久留米市）に入校する。幹部候補生は大きく3つに区分される。B（防衛大学校卒業者）、U（一般大学卒業者）、I（部内昇任）である。1年の定員は500人前後。そのうち、BとUが320人（2022年度）で、まずBの枠が確保される。その年のBの候補者が200人だった場合には、Uから120人を採用する。そのためBとUの比率は年によって変動する。Iはいわゆる「たたき上げ」で、組織内で期待される役割がやや違うため今回は割愛する。

幹部候補生学校を卒業すると3尉（少尉に相当）に任官し、幹部自衛官（士官）となる。最高幹部を目指す者にとって最初の関門になる試験が、2尉～3佐に受験資格がある「指揮幕僚課程（CGS）」、あるいは「技術高級課程（TAC）」である。CG

Sの場合、1年の定員は80人で、4回までチャレンジできる。合格者は期別に管理されるわけではないが、基本的にはCGSやTACを経ることが最高幹部への条件になる。ただしCGSで学んでも上位半分に入れなければ「あまり意味がない」（陸自1佐）とされる。

その中からさらに勤務成績優秀者が選抜され、「1選抜前期」と呼ばれる同期一番乗りの1佐（大佐に相当）約20人が決定される。1選抜の1佐は、入隊から18年目の年が明けた1月、寄り道なしの場合だと41歳を迎える年度に発令される。この対象者は、広い意味で陸自制服組トップの陸上幕僚長候補者である。

そして1佐として、連隊長（650～1200人を統率）などのポストを経験するのが通例だ。その際、着任するポストによってある程度、今後の期待の大きさを推し量ることができる。

例えば、現・陸上幕僚長である吉田圭秀は第39普通科連隊長（青森県弘前市）を経験しているが、このポストには初代統合幕僚長・先崎一も補職されるなど、伝統的にエリートの指定席だ。また連隊としては異例の3県（富山、石川、福井）を担当する第14普通科連隊長（石川県金沢市）も、将官に昇る可能性が高いポストである。

米ソ冷戦時代には、北海道に上陸したソ連軍を迎え撃つ第3普通科連隊長（北海道名寄市）がエリート1佐の不動の指定席であったが、脅威の中心が西方に移った昨今では、少し役割が変わりつつある。

いずれにせよ、規模の大きな連隊、安全保障上の要となる連隊、伝統的に精強な兵（曹士）が育つ連隊は、陸上幕僚長候補たりえる心身屈強な1佐が着任する。

そして1佐昇任から6年半後、入隊から24年目の47歳を迎える夏の将官人事で、1選抜の陸将補（少将に相当）が4人程度選ばれる。陸自の場合、この「1選抜陸将補」に選ばれることは極めて重い。不祥事や事故がない限り陸将に昇任する可能性が高く、陸上幕僚長の最終候補に選ばれたことを意味するからだ。

そして部隊と陸上幕僚監部（中央）を往復しながら、1選抜将補から6年後、入隊から30年目の53歳を迎える夏の将官人事で、1選抜の陸将（中将に相当）になる。

陸将では、師団長（6000〜8000人を統率）や師旅団を束ねる方面総監（2万〜3万人を統率）、陸上総隊司令官（編成上の陸自部隊トップ）などを歴任する。

そして1選抜の陸将の中から陸上幕僚長が選ばれるが、誰が選ばれるかは、そのときの安全保障環境、首相の好み、運などが関係する。これが陸自幹部の最高ポストへの道のりである。

なお世間では「普・特・機」、すなわち普通科（歩兵）、特科（砲兵、ミサイルなど）、機甲科（戦車、機動戦闘力）の戦闘職種を「出世の条件」とする意見を見かけることがある。しかしこれは事実誤認だ。

陸・海・空の幕僚長の上に位置する統合幕僚長の山崎幸二は、施設科（工兵）出身である。また29人いる陸将の出身を見ると、普通科9、施設科5、特科（野戦・高射合計）5、航空科3、機甲科2、通信科2、衛生科2、会計科1である（21年6月時点）。この数字は、各科の幹部の比率を考慮すると「普・特・機が優遇されている」とまでいえるものではない。大部隊を統率する経験や能力の有無は陸将の補職に不可欠ではあるが、「戦闘職種以外は大事にされない」というのは間違った情報である。

ここまで陸自を中心に説明してきたが、海自と空自では当然、人事の考え方は大きく異なる。海自の場合、陸自との大きな違いに、「艦方（ふなかた）」と呼ばれる存在がある。

海自では一般に最高幹部になる者の艦長経験は1回だが、操艦に優れ、また陸（おか）仕事が苦手な幹部は1佐のまま現場にとどまるキャリアを自ら選ぶ。そして主力艦の艦長を歴任するのだが、最新のイージスシステム搭載護衛艦やヘリコプター搭載護衛艦の艦長の多くは、この艦方が着任する例が多い。現場運用に優れる者と組織運用に優れる者を分けて考える文化があるということだ。

また空自では、幹部学校時代の成績は人事の参考にされるが、決定的要素にはならない。F15戦闘機のパイロットとして活躍した山田真史（元空将・航空支援集団司令官などを歴任）は、そもそも指揮幕僚課程を経ていない。にもかかわらず空将にまでなった理由について、ある幹部は「山田さんの部隊運用能力は抜群だった。命を預けられる納得の人事だった」と振り返る。運用能力重視であり、コンマ1秒の判断の差が、部下の命や国家の命運を左右することさえある空自の組織文化を反映した人事だったということだ。

給与からわかる「将」の序列

—防衛省の指定職 俸給表—

号俸	自衛官（武官・制服組）	内局など（背広組）
8号	統合幕僚長	防衛事務次官
7号	陸上幕僚長、海上幕僚長、航空幕僚長	防衛審議官、防大校長
6号		防衛装備庁長官
5号	陸上総隊司令官、陸自方面総監、自衛艦隊司令官、横須賀地方総監、佐世保地方総監、航空総隊司令官、航空支援集団司令官、航空教育集団司令官、情報本部長	防衛医大校長、防衛監察監、官房長、防衛政策局長、地方協力局長、防衛装備庁防衛技監
4号	呉地方総監、空自補給本部長	防衛研究所長、自衛隊中央病院長、人事教育局長、整備計画局長
3号	統合、陸上、海上、航空の4幕僚副長、舞鶴地方総監、大湊地方総監、陸自教育訓練研究本部長、陸自補給統制本部長、航空総隊副司令官	大臣官房政策立案総括審議官、統幕総括官
2号	第1、第2、第3、第4、第6の各師団長、陸自富士学校長、護衛艦隊司令官、潜水艦隊司令官、航空集団司令官、教育航空集団司令官、海自補給本部長、海自幹部学校長、航空方面隊司令官、航空開発実験集団司令官、空自幹部学校長、防衛大学校副校長（旧防衛大学校幹事）、統合幕僚学校長	防衛政策局次長、地方協力局次長、大臣官房衛生監、南関東、九州、沖縄の各防衛局長など
1号	第7、第8、第9、第10の各師団長、旅団長、陸上総隊司令部幕僚長、陸自関東補給処長、自衛艦隊司令部幕僚長、航空総隊司令部幕僚長、統幕運用部長、統幕防衛計画部長、防衛医科大学校幹事、防衛研究所副所長、各幕主要部長	大臣官房施設監、北海道、東北、北関東、近畿中部、中国四国の各防衛局長など

(出所)防衛省の職員の給与等に関する法律施行令や人事院規則などを基に東洋経済作成

仕事の本質を見失うな

最後に、陸上幕僚長に次ぐ、序列ナンバー2であった田浦正人(元北部方面総監・陸将)の言葉を紹介したい。近年、自衛隊は災害派遣などで活躍し、国民の支持を集める存在になっている。しかし田浦はその状況について、筆者に「練度は生もの」「国民からの感謝に慣れてはいけない」と語ったことがある。筆者はその意味を、「自衛隊が本来の任務を忘れてしまうと、国防の危機につながりかねない」という危機感であると理解している。

仕事の本質を見失うと組織の存亡に関わるという原理原則は、自衛隊でも民間でも同じだ。危機管理を究めた自衛官の言葉として重く受け止めたい。(敬称略)

桃野泰徳(もものやすのり)
大和証券、中堅企業役員などを経てフリーライター、編集者。国防、近現代史、経営などの分野で各種メディアに寄稿。月間83万PVがある「日本国自衛隊データベース」管理人。

軍隊としてガラパゴス

世界の常識を知らない装備品開発の黒歴史

軍事ジャーナリスト・清谷信一

防衛費を増やしても国防力は強化されない――。実は防衛省・自衛隊は信じられないほど軍事常識と当事者意識、能力が欠如しているのをご存じだろうか。他国の軍隊も官僚組織であり不合理なことが多いが、防衛省・自衛隊のレベルの低さは問題だ。「防衛省・自衛隊の常識は、国防省・軍隊の非常識」といっても過言ではない。

その端的な例が、2022年3月に日本政府がウクライナに対して防弾チョッキ3型改、88式鉄帽などを供与したことだ。岸信夫防衛相は「装備品はわが国でしっかり試験をしたうえで、わが国の基準に合わせている」と述べた。一見、もっともらしい発言だが、これは自国装備の実戦データを取るせっかくのチャンスを自ら放棄し、装備開発によくない影響を与えてしまうことなのだ。

世界の軍隊は、実戦において能力を証明された、いわゆる「コンバットプルーブン」（combat proven）の装備を好む。実際にイラク戦争やアフガニスタンでの戦闘では、米軍や英軍の防弾装備に多くの問題が発見され、それを速やかに改良した。そうすることが当然なのである。

ましてや日本は、戦後一度も実戦経験がない。供与した防弾チョッキなどが本当に有用なものかどうかを調査することは、供与先のウクライナに対して責任を持つことでもある。不備があれば、それは次の装備で是正するための貴重なデータとなる。それに基づいて改良がなされれば、実戦となった場合に死傷者を減らすことになる。岸氏の発言は、自衛官の命の軽視にもつながるのだ。

メディアによる報道では、ウクライナのゼレンスキー大統領が防弾装備を装着している姿を見かける。これは「プレートキャリア」（プレキャリ）と呼ばれるものだ。

通常の防弾チョッキは、砲弾の破片を防ぐためのソフトアーマーと、小銃弾を止める防弾プレートを組み合わせている。前出の防弾チョッキ3型改もそのタイプだが、これだと総重量が15キログラムほどになるので歩兵にとっては重すぎる。だからより軽量でプレートだけを装着するプレキャリが世界の軍隊で使用されているのに、陸上自衛隊ではいまだにプレキャリを採用していない。陸自は米軍に加え英、仏、豪軍などと共同訓練をしばしば行うが、自分たちだけプレキャリを着ていないことに疑問さえ感じていない。世界標準を知らない組織が、世界最高水準の防弾装備を開発できるのか。

実は、陸自が使用する防弾チョッキには逸話が残されている。2003年に陸自がイラクへ派遣される際、当時の防弾チョッキは実戦で使えないということで改良が施された。改良に携わった元隊員によれば、防弾プレートの防弾性が低くて小銃でブスブスと撃ち抜けたという。そのため、担当者がメーカーに抗議すると「なぜ銃で撃つんですか！」と反論されたという。しかも、その改良型を豚に着せて小銃で撃ったら、豚は肝臓破裂で死んでしまった。でも、それをそのまま隊員に着せてイラクに送り出した。これが、岸氏が絶大な信頼を寄せる、国産防弾装備の実態だ。

他国の動向に無関心

防弾チョッキだけではない。陸自は、小銃の扱い方さえ知らないのだ。自衛隊では「89式小銃」の銃身を清掃する際、銃口からブラシを入れる。教範にそう書いてあるのだが、これだと銃身内部を傷つける。本来は反対の薬室側からブラシを挿入するものだ。また、射撃すると弾頭の銅が銃口内に付着する「銅着」が生じ、それを除去するためには専用薬剤が必要だ。だがそれも採用されていない。小銃の手入れすらできない軍隊に、戦車やヘリなどの高度な装備の開発や運用ができるのか、本当に疑わしい。

そんな常識がないのは、防衛省も自衛隊も諸外国の動向に無関心なためだ。他国の開発の実態も知らずに、漫然と観念的に装備開発を行っているのが実情だ。

防衛技術開発の総本山だった技術研究本部の海外視察予算は、2008年度で92万円だった。陸上開発官だった川合正俊・陸将（当時）はその年、パリの軍事見本市「ユーロサトリ」や南フランスの射撃場などを視察し、その40日後に退職した。海外視察は役得やご褒美という程度の認識だった。

筆者がこの件を報道して以来、視察のための予算は1ケタ増えて、財務省は青天井で視察予算をつけるというほどになった。だが防衛省は、現場には「財務省が予算を出さない」とうそをついていた。今の防衛装備庁や各幕僚監部の装備開発や調達の幹部は、当時の「情報軽視時代の常識」がこびりついている。こういう状況を見て、フランス政府は国防省装備総局（DGA）のアタッシェを、日本から韓国に移動させてもいる。

かつての技術研究本部（技本）を吸収した、現在の防衛装備庁の開発体制もお寒い限りだ。戦車における防弾装甲内張り（スポールライナー）の開発もいいかげんだった。これは被弾時に装甲内面が剥離して跳飛するのを防ぐもので、諸外国ではすでに製品化されている。これを後追いで開発しようとした。ふたを開けてみると、他国のものとは似ても似つかない分厚いものだった。筆者は担当者に直接話を聞いたが「インターネットの情報を参考に作製した」と言われ驚愕した。

おそらく、ソ連時代にあった旧式のグラスファイバー製のものを参考にしたのだろう。しかし、現在ではアラミドやポリエチレン系の防弾繊維を樹脂で固めたもので、その厚さはわずか数ミリメートル、せいぜい数センチメートルだ。オランダのＤＳＭ社や米国のデュポン社が供給しており、これらの日本支社に頼めばサンプルの調達も可能なはずだが、それすらしていなかった。当然、これは実用化されていない。

装甲車両用の「ゴム製履帯」の研究開発でも、実物を入手しての評価さえしていない。すでにカナダなどの会社が実用化している製品の後追い研究だ。英国やノルウェーなどは、自国の装甲車に装着し、どの程度有用なのか試験している。ゴム製履帯を採用すれば、日本の１０式戦車なら重量を1トンは軽減できて運用コストも減り、騒音や振動も減ることで乗員の疲労も大きく軽減できる。

このようなものは、陸自の装軌車両すべてに採用した場合の利便性やコストを勘案しながら、装備化の合理性を考えて開発すべきものだ。しかも、ゴム製履帯開発の主契約者だった三菱重工業は、現在防衛装備庁のプロジェクトである水陸両用装甲車向けに某ゴムメーカーと共同して開発を進めていたが、同庁の担当者はそれさえも知らなかった。

ゴム製履帯は輸出する際の規制がない。そして世界市場で普及すれば、十分に勝てる可能性がある。さらにその技術は、建機などへの波及も期待できる。防衛装備庁には、このような構想を持って開発を行う見識も能力もない。

10式戦車開発の中心にいた人物は「技本は知識もないのに不要な試験やコンポーネント搭載を強要した。技本がなければ、10式戦車の開発費は半分の500億円で済んだ」と証言する。

蔓延する予算の無駄遣い

開発における時間の概念がないのも問題だ。陸自のヘリコプター型無人機FFOSとその改良型のFFRSは、2011年の東日本大震災で一度も飛ばなかった。それ以前に、防衛省のFFRSの事業評価では「大規模災害、NBCR（核・生物・化学・

放射線兵器）状況の偵察に必要であり、開発は大成功だった」と自画自賛した。ところが、そういった能力が必要だった大規模地震の際に飛ばせなかったのは、ＦＦＲＳの信頼性が極めて低く、墜落による被害が想定されたからだ。

このため、１１年の補正予算でフジ・インバック社のＢ型と米ボーイング社のスキャンイーグル２という２つのサンプルが調達された。結局、スキャンイーグルが採用され、調達が開始されたのは２１年から。戦力化にはさらに数年はかかるだろう。その年の補正予算で導入したのに装備化に１０年以上かかるのは、当事者能力の欠如だ。しかも、ＦＦＯＳ・ＦＦＲＳの調達は中止されたものの、運用する部隊はそのまま温存されており、これでは予算・人員の無駄遣いだ。

まだある。航空自衛隊の救難ヘリコプターは、入札により三菱重工業のＵＨ－６０Ｊの改良型が採用され、その調達価格は１機２３億７５００万円。ライバルは欧州製のものだった。

ところが、実際の調達単価は５０億円以上。この件では駐日英国大使が「不公平な入札だ」と、岩崎茂・航空幕僚長（当時）に直接抗議したほどだった。常識的に考えれば、航空幕僚監部の組織的な官製談合が疑われてしかるべき事案だった。

さらに空幕は、戦闘機F2のレーダーが持つ不具合を長年隠蔽していた。原因は機体とレーダーとの相性の悪さだったが、三菱重工業関係者によれば「技本が関わらず、当社だけであればもっと早く解決していた」という。能力欠如に隠蔽体質。そんな組織が、世界の最先端を行く次期戦闘機を本当に開発できるのか。

海上自衛隊にも問題がある。ヘリコプター搭載護衛艦であるいずも級護衛艦は当初、ディーゼルエンジンを組み込んだ統合電気推進を採用する予定だった。これを2隻で35年間運用すると、燃料費で従来のタービンエンジンと比べて370億円節約できるはずだった。ところが、燃費の悪いタービンエンジンに変更された。

同様に、当初搭載しない予定だったバウソナー（艦首の音波探知機）も1隻100億円で搭載された。これは幹部の天下り先のメーカーからの圧力だったとも思える。これにより不要なソナー要員が配備され、合計600億円の無駄遣いとなった。

このような例は、防衛省・自衛隊では枚挙にいとまがない。開発能力、調達能力も低いのに、防衛費を大幅に増やしても、それに応じて国防力を増強できるのかたいへん疑わしい。予算を増やす前に何よりも必要なのは、他国の軍隊並みの「常識」を身に付けることだ。さもなくば、防衛費を増やしたとしても、ドブに捨てることになるだろう。

清谷信一（きよたに・しんいち）
1962年生まれ。東海大学工学部卒。2003〜08年英『ジェーンズ・ディフェンス・ウィークリー』東京特派員。『防衛破綻「ガラパゴス化」する自衛隊装備』など著書多数。

韓国の武器輸出は7年で倍増

2021年の輸出額70億ドル（約9500億円）。韓国の防衛装備品の輸出額がそれまで最高だった14年の36億ドルから倍増したことが、韓国内で驚きを持って受け止められた。

韓国の防衛産業が生み出した装備品は、世界へ広がっている。2021年は、ハンファディフェンス社製造のK9自走砲が豪州に30台、約10億ドルで売れた。K9自走砲は1999年に韓国内で量産が開始されたもの。22年2月にはエジプトにも約200台が、約17億ドルで輸出された。すでにトルコ（01年）やポーランド（14年）、インド（17年）などへ800台超が輸出され、英国やルーマニアも関心を示しているという。

21年には、中距離地対空ミサイル「天弓」の輸出契約がアラブ首長国連邦（UA

E）と35億ドルで締結された。天弓は韓国のミサイル防衛を担う主要装備であり、UAE以外にもエジプトやサウジアラビアが関心を示している。また、韓国航空宇宙産業（KAI）が米ロッキード・マーティンから技術的支援を受けて開発・製造したT－50練習機に、レーダーやミサイル、機関銃などを装備した軽攻撃戦闘機FA－50もインドネシアやフィリピンなどへの輸出実績を持つ。

■ **輸出志向での産業振興が奏功** ―韓国防衛産業の輸出額推移―

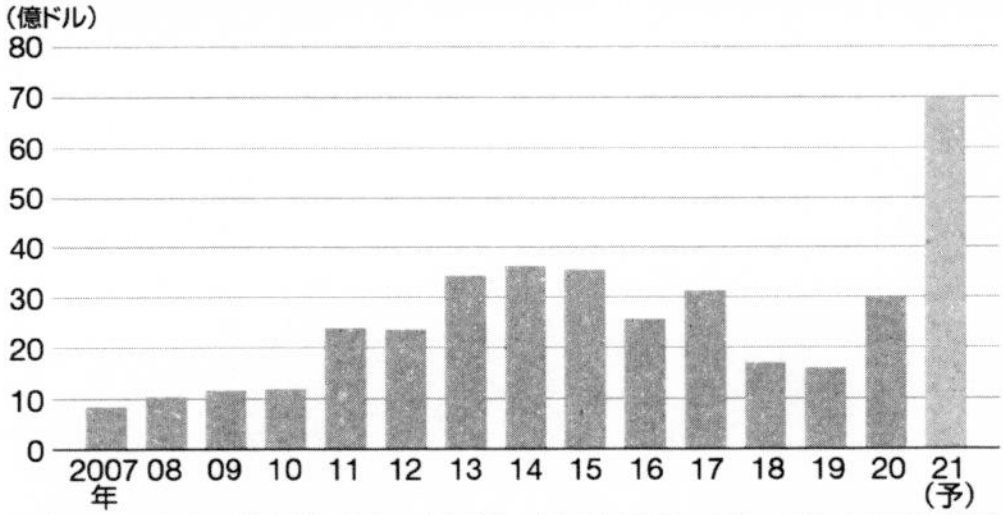

(注)2018～20年は推定値。21年は予測値　(出所)2007～17年のデータは韓国統計庁。18年からは韓国紙「東亜日報」22年3月28日付記事を基に東洋経済作成

成長の新エンジン

北朝鮮による軍事的脅威にさらされてきた韓国は、「自分の安全は自国の武器で守る」ため、防衛産業の育成に取り組んできた。とくに2008年に経営者出身の李明博（イミョンバク）氏が大統領に就任すると防衛（国防）産業の育成が本格化し、輸出は10年代以降、緩やかに増えてきた。これには、先進国化で経済成長が鈍化した韓国にとって、新たな成長エンジンを発掘・拡充したいという思惑もあった。

2022年5月に退任した文在寅（ムンジェイン）・前大統領も「防衛産業の育成」を掲げ、産業育成・輸出振興に取り組んできた。冒頭の輸出実績は、相手国でのトップセールスを行った結果でもある。

文氏は21年の「ソウル国際航空宇宙・防衛産業展示会（ADEX）」での演説で「防衛産業を国家の革新成長動力として発展させる」と述べ、国防分野にとどまらない経済全体への波及効果に対する期待を示した。この方針は現在の尹錫悦（ユンソンニョル）政権でも変わらないだろう。

韓国の国防研究開発費は2020年に約4000億円と増加傾向にあり、日本の約1600億円の2倍以上と財政面での支援も抜かりない。韓国では徴兵制があるものの、少子化が進行しており、兵力運用の省人化・無人化が急務だ。22年の国家予算約58兆円のうち、国防費が日本並みの約5兆円を占めるが、これは国防関連の研究開発が他分野に波及することへの期待を込めたものでもある。

（福田恵介）

あえて英国と組んだ

次期戦闘機の共同開発

英軍事週刊誌『ジェーンズ・ディフェンス・ウィークリー』
東京特派員・高橋浩祐

日本が英国とタッグを組み、航空自衛隊の「次期戦闘機」（FX）の共同開発を本格始動させている。2022年1月からはIHIと英航空機エンジン大手のロールス・ロイスが、日英双方の次期戦闘機用エンジン実証機の共同開発を始めた。その背景には、次期戦闘機の開発費用と技術リスクを低減したいという日英両国の事情がある。

日本の防衛省は、F2戦闘機の退役が見込まれる2035年ごろからの配備を目指し、現有するF2と同数の約90機の導入を想定している。政府は開発経費を明らかにしていないが、数兆円規模に上るとみられる。一方、英国も現行の戦闘機ユーロファイター・タイフーンの後継として、「テンペスト」の35年までの実戦配備を目指している。

日本政府は2018年12月に閣議決定した中期防衛力整備計画（中期防）で、次期戦闘機について「国際協力を視野に、わが国主導の開発」と明記した。その後、防衛省は三菱重工業を開発担当の主企業に決定。同社を主体とした国内8社（同社、IHI、三菱電機、川崎重工業、SUBARU、東芝、富士通、NEC）の共同開発体制を構築した。さらに防衛省は20年12月、米防衛最大手のロッキード・マーティンを、次期戦闘機のインテグレーション（統合）を支援する企業の候補に選んだ。

戦闘機は、エンジンやセンサーといった部品一つひとつの性能が優れていても、それらがバラバラに動いていては全体で高い能力を発揮できない。日本にはそれらを効果的に組み合わせるシステムインテグレーションの設計や経験がない。そのため、技術的には「家庭教師」役となるロッキードからの支援と協力が必要だったのだ。同社は第5世代と呼ばれるステルス戦闘機のF22やF35の開発・生産を手がけてきた実績がある。

しかし、ここに来て防衛省はその家庭教師役をロッキードから英防衛最大手のBAEシステムズに乗り換えようとしている。いったい何が起きているのか。

自民党の国防族議員は日本の次期戦闘機開発に「ロッキードがそこまで乗り気でなかった」と指摘し、「(米国の)F35以降の次期戦闘機開発のタイミングが(日本と)合わなかったのが最大の理由と思われる」と述べた。

米国は現在、次世代制空戦闘機(NGAD)計画の下、第6世代戦闘機のNGADや自律戦闘が可能な無人航空機「ロイヤル・ウィングマン」(忠実な僚機)などからなる、航空優勢を確保するためのプラットフォームを準備している。米空軍は20年9月には、NGAD実証機をすでに飛行させたと発表。日本の次期戦闘機開発よりかなり先行しており、日米間ではタイミング的にも技術的にも大きな差がある。

また、ロッキードがF22とF35をベースにしたハイブリッドの次期戦闘機を提案したが、防衛省はこれを断った。そのため、米国側は利益面でもメリットがないとの判断に傾いたとみられる。

これに対し、日英での共同開発は互いにメリットがありウィンウィンになれる可能性が高い。主に5つの理由が考えられる。

5つのメリット

まず、英国はテンペストの配備を35年からとしている。これは日本の次期戦闘機と同じスケジュールでもあり、日英の連携を円滑にしている。

次に、日英が次期戦闘機に求める性能だ。新戦闘機のコンセプトは、互いによく似ている。両国とも海洋国としての航空優勢を確保するため、F35にはない長い航続距離と、ミサイル搭載量に優れた双発エンジンを持つ大型ステルス戦闘機を必要としている。

3つ目として、日英で互いに開発費用と技術リスクの低減を図ることができる。戦闘機の開発費はもはや1国だけでは賄いきれないほど巨額だ。1990年代に開発された欧州4カ国のユーロファイター・タイフーンや米国のF22の開発費は2兆円を超えた。F35の開発には米英など8カ国が参加し、開発費は6兆円を優に超えた。

テンペストは無人機(UAV)群との連携計画を含む、英国の「将来戦闘航空システム」(FCAS)の中核を成す。このFCASはイタリアとスウェーデンの参画が決定しているが、スウェーデンはFCASのみに関与しテンペストの共同開発には加わらない。これとは別に、欧州ではすでにフランスとドイツ、スペインの3カ国が新戦闘機「NGF」を含むFCASの共同開発を進めている。

このため、英国は東アジアの日本に白羽の矢を立てた。日本には資金があり、事業分担で主導権も握りやすいと判断したようだ。英軍事週刊誌『ジェーンズ・ディフェンス・ウィークリー』は22年6月1日、日本が英主導のFCASとテンペストの開発協力に向けて協議に入ったと報じた。


4つ目として、英国は日本がF2の開発時に苦しんだエンジンとレーダーの共同研究や基本設計での協力を申し出ている。そのため防衛省内では「英国とであれば、米国と違って対等なパートナーになれる」との期待が以前からあった。実際に、日英間では早くから大臣間で協力枠組みの合意ができ、具体的な協議が進んでいた。日英両政府は22年2月15日、次期戦闘機に搭載する予定の高性能レーダーの共同研究に関する取り決めに署名したと発表した。それに先立つ同1月からは、次期戦闘機に使うエンジンの実証実験を始めた。

次期戦闘機向けのエンジンを任されたIHIは18年6月に、プロトタイプエンジン「XF9－1」を防衛装備庁に納入。全長約4・8メートル、直径約1メートルと小型でスリムだが、最大推力は15トン以上を達成した。優れた性能を日本が証明したことで、ロールス・ロイスも「エンジンコアの小型化で日本は世界をリードしており、テンペストのエンジン開発でも日本の協力は不可欠」との見解を示した。

最後に、日英は効率的な共同開発で生産機数を増やして量産単価を引き下げ、将来は海外市場へ売り込むことを視野に入れていると考えられる。英国は欧州市場、日本はASEAN（東南アジア諸国連合）などアジア市場への輸出がそれぞれ予想される。森本敏・元防衛相は「日英は22年末までにエンジンの実証事業の分析を行う。それが順調な成果を出せば、次にそのエンジンで実際にどういう機体を設計できるかを踏まえて、23年度から機体の基本設計を始める」と言う。その初年度予算は、今夏の来年度防衛予算の概算要求に計上されてくる予定だ。

テンペストを開発する「チーム・テンペスト」は英空軍（RAF）の緊急能力局（RCO）のほか、BAEシステムズ（航空システム担当）、ロールス・ロイス（エンジン）、MBDA（ミサイル）、伊レオナルドの英国法人（センサーと通信ネットワーク）からなる。日本がロールス・ロイスのエンジン技術を生かした機体を設計するのであれば、トーネードやユーロファイターといった戦闘機の開発を手がけるなど、この分野で先駆者であるBAEシステムズからの協力が不可欠になるだろう。

高橋浩祐（たかはし・こうすけ）
1993年慶応大学経済学部卒業。朝日新聞記者を経て、2003年米コロンビア大学大学院で修士号取得。ハフポスト日本版編集長も務めた。

敵基地攻撃能力の開発

英軍事週刊誌『ジェーンズ・ディフェンス・ウィークリー』
東京特派員・高橋浩祐

防衛力の抜本的強化を打ち出している岸田文雄政権が、その柱としているのが「敵基地攻撃能力」（反撃能力）の保有だ。

岸田首相は２０２１年１２月の所信表明演説を皮切りに、国会で何度も「敵基地攻撃能力も含め、あらゆる選択肢を排除せず現実的に検討する」と述べ、２２年度末までに改定予定の「国家安全保障戦略」に敵基地攻撃能力の保有を盛り込む構えだ。また、自民党は２２年4月、先制攻撃できるとのイメージを持たれないように、敵基地攻撃能力を「反撃能力」と言い換えるようにした。

しかし、これらは建前論だ。実は、防衛省・自衛隊は敵基地攻撃能力を備えた外国製「スタンドオフミサイル」の導入をとうの昔に決めている。スタンドオフとは、相手の脅威圏外という意味だ。そして、国産での長射程ミサイル開発も急ピッチで進めている。

中国と北朝鮮の核ミサイル戦力増強に直面している現状を踏まえて、国会での議論を横目に防衛当局は、事実上の敵基地攻撃能力の保有を目指してきた。では、日本は敵基地攻撃のためのどのような打撃力を持とうとしているのか。

【① JASSM-ER】

米ロッキード・マーティン社製の空中発射型巡航ミサイルで、正式名称は「AGM-158B／JASSM-ER」。ミサイルはステルス形状で、航空自衛隊のF15戦闘機への搭載が予定されている。最大射程は926キロメートル。射程900キロメートル超のミサイルであれば、朝鮮半島に接近しなくても日本領空から北朝鮮の核ミサイルの開発拠点や基地を攻撃でき、中国とロシアの一部も射程範囲に入る。

政府は2018年度予算に、相手の脅威圏外から対処できるミサイルとして初めてJASSM－ERの導入検討費を計上した。しかしF15の能力向上改修が進まず、同ミサイル本体の導入時期は未定だ。

【②　JSM】

ノルウェーのコングスベルグ社製の対地・対艦ミサイルだ。最大射程は約500キロメートル。空自のF35A戦闘機への搭載が予定されている。防衛省は導入に向けた関連予算を2018年度から計上し、21年度中に納入される予定だったが、コロナ禍で納入が遅れている。21年度予算に取得費として計上された149億円は未執行だ。空自の元幹部は戦闘機搭載のスタンドオフミサイルが必要な理由を「敵より長射程のミサイルで乗員の安全を最大限確保しつつ、相手の脅威の外から対処しなければ、空自パイロットに向けて『特攻隊になれ』と言っているに等しいから」と説明する。

【③ 12式地対艦誘導弾能力向上型】

日本政府は2020年12月、陸上自衛隊が持つ12式地対艦誘導弾の能力向上型の開発を閣議決定した。従来の地上発射型に加えて、艦船発射型と空中発射型も開発している。これは射程を現在の約200キロメートルから900～1500キロメートルへと延ばし、国産の長射程巡航ミサイルとするものだ。防衛省は「多様なプラットフォームからの運用を前提としたスタンドオフミサイル」と位置づけ、21年度予算に開発費335億円を計上した。地上発射型は25年度、艦船発射型は26年度、空中発射型は28年度に試作の開発を終える予定だ。

外国製ミサイルと違い、国産ミサイルは日本主体の「改修の自由度」が確保され、短期間・低コストで改修や能力向上が可能だ。日本はこれまで、「専守防衛」の下、対地攻撃型ミサイルを開発したことがない。長射程化された12式地対艦誘導弾能力向上型は、初の地対地ミサイル開発となる。

なお、2021年12月30日付読売新聞は、日本政府関係筋の情報として、海上自衛隊の潜水艦にこの12式地対艦誘導弾能力向上型を搭載する計画が検討されていると報じた。潜水艦から発射されるスタンドオフミサイルは相手側の予想もしない場所から攻撃することが可能で、それへの対応はとても難しい。

④ ASM－3（改）

防衛装備庁が開発中の超音速飛翔の空対艦ミサイルだ。20年度予算で103億円が計上された。18年に防衛装備庁が開発したASM－3の射程延伸型であり、射程は400キロメートル以上に達する見込みだ。レーダーに探知されにくいようにステルス化が施され、米巡航ミサイル「トマホーク」と同じように翼とエンジンを備える。25年度に開発を終える予定だ。

⑤ 島嶼防衛用高速滑空弾

防衛省が島嶼（とうしょ）防衛を目的に18年度から研究に着手した地対地ミサイルで、26年度の早期装備化を目指している。ロケットモーターで飛び、高速で滑空しながら目標を狙う。島嶼防衛用とうたうが、事実上の極超音速滑空飛翔体（HVG

P）であり、将来の敵基地攻撃能力にもなりうる。

これについて、元陸将・東部方面総監の渡部悦和氏は「科学技術の進展とともに、通常戦力でも核兵器と似たような破壊力がある兵器が逐次出てきている。だから、通常戦力を持つことによって抑止をする。その通常戦力というのは実は敵基地攻撃能力。弾道ミサイルをさらに強力にした、極高速の滑空飛翔体というのがある」とテレビメディアで指摘している。

【⑥ 島嶼防衛用新対艦誘導弾】

防衛省が2018年度予算に54億円を計上し研究を始めた、新たな対艦ミサイルだ。超音速機体向けエンジンの1つであるスクラムジェットエンジンを装備し、極超音速で飛行する長射程の極超音速巡航ミサイル（HCM）だ。飛行機のように翼とジェットエンジンで水平飛行する。米国の「トマホーク」との共通点が多いことから、防衛省内では「日本版トマホーク」と位置づけられている。

2022年7月23日に、鹿児島県肝付町の宇宙航空研究開発機構（JAXA）内

之浦宇宙空間観測所で国内初のスクラムジェットエンジン燃焼飛行試験が実施される。この試験を受け、２２年度に新対艦誘導弾の研究は終了する予定だ。

以上が、敵基地攻撃への活用も可能な装備だ。ただし敵基地攻撃能力をめぐっては、日本版トマホークを数発ほど保有しただけでは何の役にも立たない。具体的には、敵基地の所在や敵の攻撃着手の確認、敵の防空能力の無力化、十分な打撃力、十分な防御力、などが必要とされる。

敵基地攻撃能力における7つの課題

① 日米の「盾と矛」の役割分担をどうするか
② 「攻撃的兵器」の保有はどこまでにするか
③ ＩＳＲ（戦闘に必要とされる情報・監視・偵察活動）能力をどう整備するか
④ 敵の防空能力をどう無力化するか

⑤ 十分な打撃力をどう確保するか
⑥ 十分な防御力をどう確保するか
⑦ 本来は憲法9条を改正すべきではないのか

高まる近隣諸国からの軍事的な脅威を踏まえ、敵基地攻撃能力の保有論議は今後も白熱しそうだ。しかし、その保有は、戦後日本の国防政策の基本である「専守防衛」に先制的自衛や攻勢防御を加えようとするものだ。

敵国陣地への攻撃は、従来の専守防衛の解釈の一線を明らかに越える。また、これまで打撃力を米国に委ね、自らの安全保障を米国に大きく依存してきた戦後日本の国防のあり方を変える大きな転換点になりうる。国民への、整合性があり、かつ納得できる説明が強く求められる。

【週刊東洋経済】

本書は、東洋経済新報社『週刊東洋経済』2022年7月16日号より抜粋、加筆修正のうえ制作しています。この記事が完全収録された底本をはじめ、雑誌バックナンバーは小社ホームページからもお求めいただけます。

小社では、『週刊東洋経済eビジネス新書』シリーズをはじめ、このほかにも多数の電子書籍ラインナップをそろえております。ぜひストアにて「東洋経済」で検索してみてください。

『週刊東洋経済eビジネス新書』シリーズ

No.400　実家のしまい方
No.401　みずほ　解けない呪縛
No.402　私大トップ校　次の戦略
No.403　ニッポン再生　7つの論点
No.404　マンション管理

週刊東洋経済eビジネス新書　No.430
自衛隊は日本を守れるか

【本誌（底本）】
編集局　長谷川　隆、福田恵介、西村豪太
デザイン　小林由依、池田　梢
進行管理　下村　恵
発行日　2022年7月16日

【電子版】
編集制作　塚田由紀夫、長谷川　隆
デザイン　大村善久
制作協力　丸井工文社
発行日　2023年7月27日　Ver.1

発行所　〒103-8345
東京都中央区日本橋本石町1-2-1
東洋経済新報社
電話　東洋経済カスタマーセンター
03（6386）1040
https://toyokeizai.net/
発行人　田北浩章

電子書籍化に際しては、仕様上の都合などにより適宜編集を加えています。登場人物に関する情報、価格、為替レートなどは、特に記載のない限り底本編集当時のものです。一部の漢字を簡易慣用字体やかなで表記している場合があります。本書は縦書きでレイアウトしています。ご覧になる機種により表示に差が生じることがあります。